# DISSERTATION

## QUI A REMPORTÉ LE PRIX,

### AU JUGEMENT

## DE L'ACADEMIE ROYALE

### DES SCIENCES,

### DES BELLES-LETTRES

### ET DES ARTS

## DE ROUEN,

### EN L'ANNÉE 1755.

*Par M. TEULIERES, de Montauban,*
*Avocat au Parlement de Toulouse.*

À MONTAUBAN,
De l'Imprimerie de Jean-François TEULIERES
Imprimeur du Roi.

M. DCCLVI.

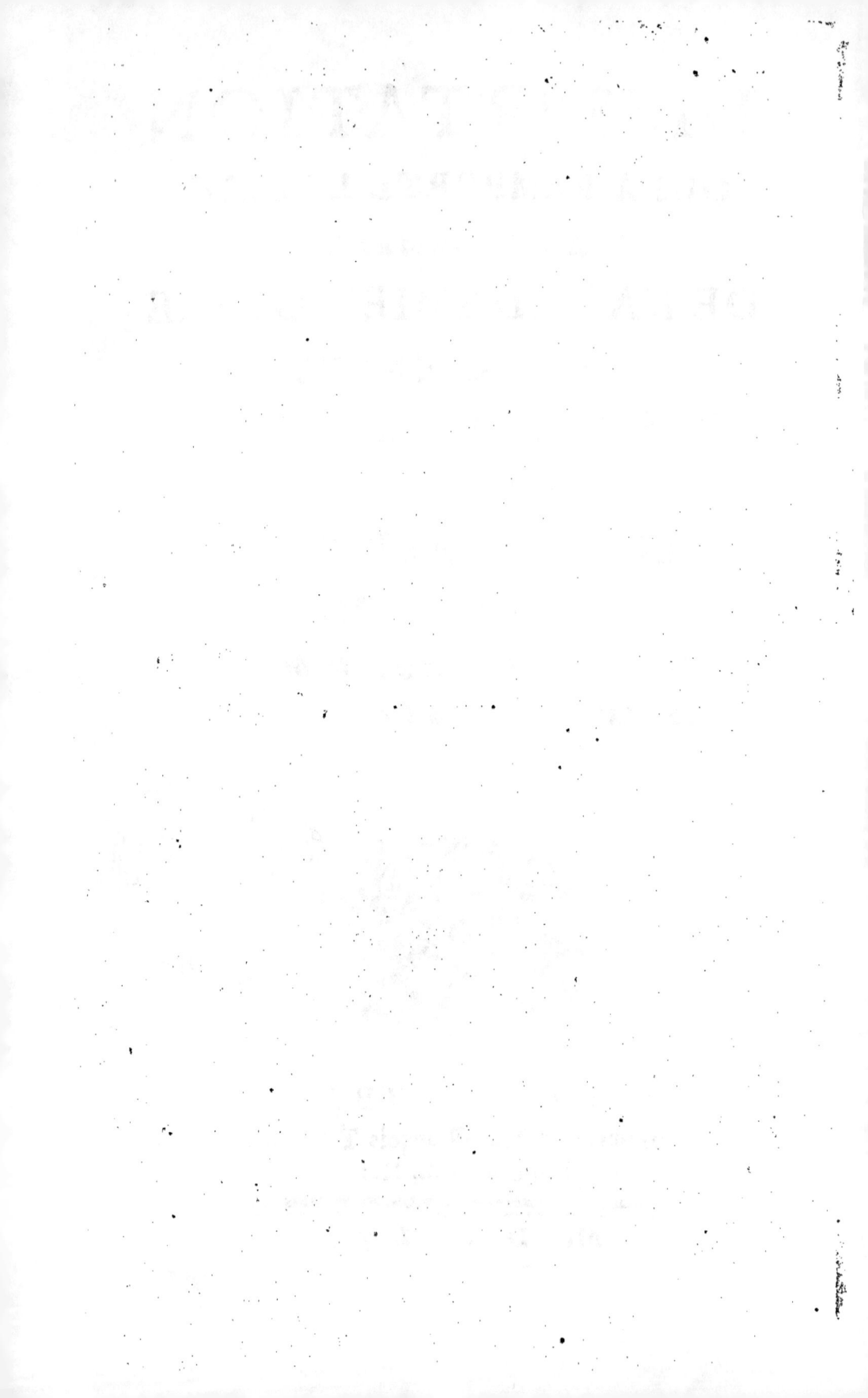

# AVERTISSEMENT.

L'ACADÉMIE de Rouen proposa en 1753, pour le sujet du prix, cette question littéraire : En quel genre de poësie les François sont supérieurs aux anciens. *Je travaillai sur cette matière intéressante, & mon ouvrage eut le bonheur de réunir les suffrages. L'Académie sentit cependant qu'il ne falloit pas se borner à prouver notre supériorité dans un seul genre. Elle proposa en 1754 le même sujet d'une manière différente :* En quels genres de poësie les François sont supérieurs aux anciens. *Je donnai alors plus d'étendue à ma dissertation, & c'est dans l'état où je la présente aujourd'hui au public, à quelques changemens près, qu'elle a mérité le prix dont on l'a honorée.*

*Les lauriers de cette Académie doivent être d'autant plus flatteurs pour ceux qui les remportent, qu'ils ont été embellis en ornant la tête d'une personne encore plus* célèbre par la beauté de son esprit & l'étendue de ses talens, que par les agrémens de son sexe (a). Madame du Boccage, qui fait aujourd'hui tant d'honneur à la littérature, s'empressa d'obtenir les premiers bienfaits d'un homme illustre (b) qui relève l'éclat de sa naissance par la protection qu'il accorde aux lettres.

On ne doit pas s'attendre à voir ici un détail approfondi de toutes les beautés & de tous les défauts que j'ai apperçûs dans les anciens ou dans les modernes. Il auroit fallu des volumes entiers. D'ailleurs j'ai tâché de ne pas passer les bornes prescrites par l'Académie. J'ai présenté les principaux traits de l'ouvrage le plus célèbre ou le plus

(a) Madame du Boccage remporta en 1746 le prix de poësie. Elle s'est rendue célèbre par un poëme en six chants sur le Paradis terrestre, & par la tragédie des Amazones.

(b) Le prix que l'Académie de Rouen distribue, est donné par M. le Duc de Luxembourg, Gouverneur de la province, & Protecteur de l'Académie.

défectueux de chaque auteur. Je devois donner un jugement court & précis, & non un catalogue sec & aride. Je suis dans le cas d'un peintre qui pour représenter le vaste empire de la Chine, se contenteroit de placer sur la toile Pekin, l'Hoangso, & les montagnes du Fokien.

J'espère qu'on lira cet ouvrage avec indulgence, & qu'on ne jugera pas avec rigueur des observations rapidement jetées sur le papier à mesure que je lisois les auteurs dont j'avois à parler. L'exactitude & la vérité des faits sont plus nécessaires dans une dissertation que l'élégance & l'élévation du style.

J'espère encore que l'on me pardonnera la manière assurée dont je présente mes décisions. Elle contraste mal avec mon âge (c). Mais on s'appercevra aisément que ce défaut appartient au sujet, & qu'il eût été ridicule d'employer un langage incertain lorsqu'il s'agissoit de décider. La modestie touche de

(c) L'Auteur est âgé de dix-neuf ans.

bien près à l'orgueil quand elle eſt déplacée.
On doit ſeulement éviter avec ſoin, dans
des matières qui ne le comportent pas, ce
ton dogmatique de nos jours, pour lequel
je n'ai pas moins de mépris que pour ceux
qui l'affeſtent dans tous leurs ouvrages.
Nous vivons dans un ſiècle où l'on croit
avoir plus de lumières parce que l'on a
plus de hardieſſe & de témérité.

# TABLE DES ARTICLES.

DE L'ÉPOPÉE,                       page  5

LA FABLE,                                7

L'ÉGLOGUE,                               9

LA SATYRE,                              11

LE POEME LYRIQUE,                       15

LE POEME DIDACTIQUE,                    27

LA TRAGÉDIE,                            28

LA COMÉDIE,                             57

*Réflexions sur divers obstacles au progrès des Lettres,*  89

DISSERTATION.

# DISSERTATION.

*Dans quels genres de Poësie les François*
*sont-ils supérieurs aux Anciens ?*

LES hommes se plaisent à comparer
la mesure de biens ou de maux qui
les distingue de leurs semblables. Nés
avec un principe d'émulation ou plûtôt
de jalousie, ils ne sauroient demeurer
dans l'incertitude des avantages qu'ils
ont sur eux. Les particuliers, les villes,
les provinces, les nations même, élèvent
tous les jours sur un pareil parallèle le
phantôme de leurs prééminences imaginaires. Osons nous servir de cette voie
de comparaison en faveur des modernes
contre ceux à qui l'erreur & l'ignorance
ont accordé une injuste supériorité dans

A

toutes les productions du génie. Il est
temps de déchirer le voile qui couvre
nos richesses, & de dissiper le prestige
qui grossit les trésors des anciens, en
examinant s'il est quelques genres de
poësie où nous leur soyons supérieurs.
Cette entreprise est épineuse. Il faudra
combattre des préjugés, & heurter les
sentimens également bisarres des détrac-
teurs & des admirateurs outrés de
l'antiquité. Mais l'homme de lettres,
comme le législateur, méprise les opi-
nions populaires. Il franchit de pareils
obstacles, lorsqu'ils se présentent sous
ses pas. Ce sont des ronces & des
bruyères qui incommodent, mais qui
n'arrêtent pas un voyageur dans sa course.
Il faut les arracher ou les fouler aux
pieds en poursuivant sa carrière.

C'est en effet l'unique moyen de terminer de vaines discussions, où les sentimens
sont toûjours diamétralement opposés.
Les uns, adorateurs aveugles d'idoles

antiques, nous tranfmettent machinale-
ment les jugemens qu'ils tiennent de leurs
maîtres, & dans cet hommage fervile rendu aux anciens, ils n'honorent fouvent
qu'une divinité inconnue, qu'ils encenfent
par habitude ou par caprice. Les autres,
à qui de vrais défauts ont fermé les yeux
fur des beautés réelles, ou qui veulent
peut-être excufer leur penchant à la
frivolité, n'apperçoivent que le comble
du ridicule dans des auteurs qu'ils ne
connoiffent que par des citations impar-
faites. Les premiers font dans la claffe
de ces hommes auffi incapables de penfer
par eux-mêmes que l'airain de rendre
du fon fans être frappé. Les feconds
reffemblent aux peintres françois qui fans
être fortis de leur patrie, dépriment les
tableaux du Vatican qu'ils n'ont jamais
vûs.

Il faut plus de lumières & moins de
témérité pour de pareilles décifions. Les
anciens & les modernes doivent être

placés fur la même ligne. Tous les fiècles
éclairés font à peu près égaux. Il y a eu
dans tous ces temps des génies fupérieurs
& des écrivains médiocres. La Grèce
& l'Italie ont eu leurs Cotins & leurs
Pradons, & fi l'on fouilloit dans les
ruines d'Athènes & de Rome, on y
trouveroit les trites débris d'une foule
d'auteurs pitoyables à qui le mépris de
leurs contemporains a épargné celui de
la poftérité.

Qu'il me foit permis de prendre un
jufte milieu, & de propofer le fruit de
mes lectures & de mes réflexions. Je vais
foûmettre à mon examen de grands
hommes, qui fe font acquis, il eft vrai,
la vénération de tous les âges; mais un
refpect outré a tiré un voile adulateur
fur leurs fautes. Entr'ouvrons le nuage
pour en faire fortir la lumière. La
hardiefte & l'équité feront mes guides.

## DE L'ÉPOPÉE.

L'ÉPOPÉE tient le premier rang parmi les poëmes. On a crû pendant quelque temps la France incapable d'enfanter des ouvrages en ce genre. La Franciade (a), la Pucelle (b), & Clovis (c), ne fervirent qu'à confirmer cette erreur. Il a paru enfin de nos jours un homme qui a effacé la honte de fa patrie ; mais il règne dans la Henriade un ftyle épique foûtenu avec trop de continuité, & un ton de couleurs mâle & frappant, qui n'eft tempéré ni par des nuances ni par des ombres. Il faut cependant de la variété dans l'épopée ; on n'a pas toûjours de defcriptions pompeufes à faire, ni de tableaux brillans à tracer. Le Lutrin me paroît être

(a) Poëme de Ronfard.
(b) Poëme de Chapelain.
(c) Poëme de Defmarets.

un modelle de ftyle & de narration. On ne fauroit affez admirer la convenance du coloris avec la matière, & le paffage naturel de la plaifanterie & du badinage qui fe trouvent dans les premiers chants, à la fublimité & à la grandeur qui règnent dans le fixième. Peut-être mériteroit-il d'être comparé aux chefs-d'œuvres des anciens, fi le fujet en étoit plus relevé. Mais les querelles d'un tréforier & d'un chantre peuvent-elles figurer avec les fameufes diffentions du fils de Thétis & du chef des rois de la Grèce? Ce feroit placer les deffeins grotefques de Calot à côté des tableaux de Michel-Ange. J'ofe avancer que les nations modernes ne produiront jamais de poëmes épiques qui puiffent entrer en parallèle avec l'Iliade & l'Énéide. Il peut naître encore des Homères & des Virgiles; mais ils s'exerceront avec moins de fuccès dans ce genre, après la perte de la mithologie, fource féconde d'illufions & d'a-

grémens, qui parle fans ceffe à l'imagination, en lui préfentant les idées les plus
riches, les plus variées & les plus fédui-
fantes. Des écrivains modernes ont prétendu la remplacer par des êtres moraux
& abftraits. C'eft vouloir imiter avec
de la pierre un palais bâti de marbre de
Paros. Ne nous laiffons pas cependant
décourager par la perte de ces avantages. Nous avons déjà réparé une partie
de notre difette. Acquérons, s'il fe peut,
de nouvelles richeffes. Après le poëme
de Varius, les Romains virent paroître
l'Énéide. Le plus grand obftacle au
progrès des arts, c'eft de les croire
arrivés à leur perfection.

## DE LA FABLE.

Esope eft le père de l'apologue(d). Ce
fage de Phrygie, plus occupé à inftruire

(d) Efope a écrit fes fables en profe. J'ai crû
devoir le placer ici comme l'inventeur d'un genre
qui après lui a toûjours été traité en vers.

qu'à plaire, n'a que le mérite de la fiction, qu'il a traitée avec un air d'aridité & de féchèreffe. Phèdre a plus d'élégance, mais prefque autant de nudité. La Fontaine, fous les mains de qui les ornemens femblent naître, a réuni l'élégance, le riant des images, & une naïveté propre à ce poëme, & que l'on a caractérifée d'inimitable avec quelque apparence de raifon. Quel art, quelle variété, quelle juftefle dans les caractères des divers animaux qu'il introduit dans fes fables! Que l'on compare ces trois auteurs lorfqu'ils ont tracé les mêmes fujets (e). Il fera aifé de s'appercevoir que ce genre, en paffant fous des plumes différentes, a toûjours acquis de nouvelles beautés, & qu'il fembloit être deftiné à n'arriver que par degrés à une certaine perfection. Il falloit la tournure d'efprit fingulière d'un

(e) Lifez la fable du renard & du bouc, traitée par Efope, pag. 125. édition de Jean de Tournes, Genève, 1628; par Phedre, fab. 8. liv. IV; & par la Fontaine, fab. 5. liv. III.

la

la Fontaine. Scarron & lui font les deux hommes peut-être les plus difficiles à remplacer. La nature rassembla en eux les deux extrèmes. Il est rare qu'elle réunisse beaucoup de simplicité, pour ne rien dire de plus, & beaucoup de génie, & qu'elle inspire le goût le plus décidé pour la plaisanterie au milieu des plus vives douleurs.

## DE L'ÉGLOGUE.

THÉOCRITE a écrit le premier dans le genre pastoral : il a du naturel, mais il est trop rustique. Moschus par un excès de délicatesse, & Bion par un excès de raffinement, se sont éloignés de la simplicité du genre. Virgile a suivi les traces de Théocrite, en corrigeant sa grossièreté : il a transporté dans ses Bucoliques des lambeaux entiers du poëte de Syracuse, qu'il a embellis à sa manière. Cet auteur sera toûjours le premier aux yeux de

B

ceux qui aiment dans la peinture de la vie des bergers, des paffions douces & tranquilles, un détail naïf de leurs occupations champêtres, & des fentimens paifibles, peut-être tels qu'ils font en effet. Mais fi l'on y defire plus de tumulte dans les paffions, plus d'agitation dans la conduite, & des fentimens plus raffinés, on préférera la tendre Deshoulières, qui a fait le plus heureux mélange des auteurs qui l'avoient précédée. Elle a réuni le naturel de Théocrite embelli par Virgile, la délicateffe de Mofchus, & la fineffe de Bion. L'air de trifteffe & le ton de morale qu'elle a répandus dans fes idilles, fervent à corriger la trop grande gaieté infpirée par le féduifant des payfages. Seroit-il étonnant qu'une femme eût furpaffé les anciens dans des ouvrages de fentiment? Supériorité d'autant plus glorieufe, que des modernes célèbres ont fouvent échoué dans ce genre, en abandonnant la nature, & en prêtant le langage des cours à de simples bergers (*f*).

---

## DE LA SATYRE.

La Satyre, felon l'idée que s'en forme le vulgaire, feroit-elle uniquement confacrée à fatisfaire la malignité ? Non fans doute ; faite pour préfenter la vertu aux hommes d'une manière piquante & enjouée, elle fe reffent de la deftination des lettres, qui ne doivent fervir qu'au triomphe des mœurs & à la deftruction des vices. La philofophie fait le principal caractère de ce genre, & le fatyrique philofophe l'emportera toûjours fur celui

(*f*) Quoique M. de Fontenelle ait trop couru après l'efprit dans fes églogues, & qu'il ait manqué le but du genre, il n'en eft pas moins un grand génie. Le livre des Mondes & l'hiftoire de l'Académie des Sciences vivront autant que la nation qui fe glorifie de les avoir produits. L'opéra de Thétis & de Pelée, où l'on trouve des morceaux fublimes, auroit dû purger le théâtre lyrique du cercle faftidieux de fentences & de déclarations amoureufes qui le compofe.

qui ne fera que fatyrique. Jugeons d'a-
près ces maximes Horace, Juvenal &
Defpréaux. Indiquons le rang qu'ils doivent occuper, en traçant ici leurs portraits. Un homme illuftre (*g*), qui ne
dédaigne point de cultiver les mufes dans
les cours des rois, & qui les a conduites
fur les bords du Tybre, au milieu des
plus importantes négociations, a déjà
développé leurs différens génies dans des
réflexions où règnent le goût, la délicateffe & la profondeur.

Horace eft un philofophe aimable qui
n'écrit que pour donner des leçons aux
hommes. S'il laiffe échapper quelques
plaifanteries, ce n'eft que pour faire
paffer, à la faveur de ces traits, la gra-
vité de fes préceptes; la morale eft le
fonds principal de fes fatyres. On ne voit
au contraire dans Juvenal qu'un critique

---

(*g*) M. le Duc de Nivernois, auteur des Réflexions fur le génie d'Horace, de Defpréaux & de
Rouffeau.

ténébreux, acharné à médire du genre humain, & qui fait partir des traits amers d'une plume trempée dans le fiel. Boileau tient entr'eux un juſte milieu. Son caractère n'eſt pas noir, comme on l'a prétendu, mais ſombre. Auſſi a-t-il preſque toûjours imité la manière de Juvenal, qu'il a cependant ſurpaſſé, en mélant dans ſes ſatyres l'aménité, la philoſophie, & ſouvent la naïveté d'Horace. Mais ces derniers traits qui le caractériſent, ſont des lueurs rapides qui ne paroiſſent que rarement dans une profonde nuit. On apperçoit dans Deſpréaux un homme qui lutte ſans ceſſe contre ſon propre caractère, qui cherche à ſuivre de près Horace, c'eſt-à-dire, à être par imitation ce qu'il n'étoit pas par nature, mais qui abandonné à lui-même, redevient toûjours Juvenal. De là vient que ſes ſatyres ſe préſentent à moi ſous des faces ſi différentes. Il me paroît preſque auſſi grand qu'Horace, quand il nous donne

ces fublimes leçons fur les dangers de
la flatterie, fur les travers d'une raifon
orgueilleufe, & fur la véritable fource
de la nobleffe. Il me paroît plus noir,
plus mordant & plus petit que Juvenal,
lorfque guidé peut-être par tout autre
motif que celui de venger les droits du
goût, il infulte à l'indigence d'un poëte
malheureux; lorfqu'il éternife fon injuf-
tice pour un écrivain célèbre, à la vérité
peintre trop tendre du fentiment, mais
qui fut mêler de véritables traits de génie
dans un genre dont fes fucceffeurs n'ont
retenu le plus fouvent que le ton infipide
& langoureux; enfin lorfqu'il ravit à
une foule d'auteurs médiocres dont les
noms fouillent fes ouvrages, l'oubli, ce
feul bien qui refte à la médiocrité.

Je paffe fous filence des poëtes
fatyriques qui fe font acquis de la
célébrité. Je ne fais entrer dans le parallèle ni l'obfcurité de Perfe, ni l'indécente
naïveté de Regnier. Mais eft-il néceffaire

de s'étendre sur le mérite des peintres inférieurs, dès que l'on a des Raphaels & des le Bruns à oppofer aux Zeuxis & aux Protogènes ?

## DU POEME LYRIQUE.

LA POESIE lyrique, dans fa deftination primitive, a été confacrée à la divinité. Elle s'eft confervée dans cette glorieufe prérogative dans tous les temps & chez toutes les nations. Sur les rives de l'Orenoque elle entre dans le culte bifarre que rendent à des dieux imaginaires des hommes qui vivent dans un tel oubli des loix, des mœurs & des bienféances, qu'ils femblent confondus avec la brute. Pindare en a détourné l'ufage à des objets profanes, & quoiqu'il ait employé fa lyre à chanter les vainqueurs des jeux olympiques, il ne l'a point avilie. Après la divinité rien n'eft plus digne de notre vénération que la vertu & les talens.

Ce Poëte fe montre d'abord plus fublime & plus élevé qu'il n'eft en effet. Sa manière eft difficile à faifir, & cette difficulté a beaucoup contribué à le faire paroître toûjours dans les airs & quelquefois énigmatique. Sa grandeur & fon défordre confiftent à exalter un héros fous des couleurs étrangères, en décrivant l'hiftoire d'un homme célèbre dont les vertus fe retrouvent dans celui à qui il adreffe fon ode. La première de fes olympiennes, deftinée à la louange d'Hieron, eft remplie du récit des actions de Pelops. Cette façon de louer, fublime & délicate, a quelque chofe de frappant, & n'appartient qu'à Pindare. Mais elle eft monotone, & ne tient pas affez de l'enthoufiafme, qui veut regner dans tous les genres de poëfie, & principalement dans le lyrique dont il eft le caractère diftinctif. Le poëte doit oublier ici qu'il eft mortel; il doit s'élancer aux régions du tonnerre, fouler à fes pieds les nuages

&

& les tempêtes, marcher fur la foudre
& les éclairs, s'abandonner au plus
beau défordre, & tracer furtout les images
les plus frappantes. C'eſt ce que nous
trouverons dans Rouſſeau, qui a marché
le premier avec fuccès en France fur les
traces de Pindare, & dans ce moderne
illuſtre (*h*) à qui Rouſſeau avoit marqué ſa
place, & qu'il avoit déjà défigné pour ſon
fucceſſeur. Ces hommes célèbres appartiennent à notre fiècle, mais leurs noms
enlaſſés par les mains de la gloire, feront
portés aux temps les plus reculés, &
leurs productions iront fe joindre à ce
petit nombre d'ouvrages chéris, enfantés
par le génie & les graces, qui font la
gloire de notre nation, & qui ne feront
enfevelis que dans les ruines de l'univers.

Jetons les yeux fur les images de
Rouſſeau raſſemblées ſous un même point
de vûe (*i*). Quelle grandeur ! quelle

(*h*) M. le Franc.

(*i*) Dieu foudroie les têtes fumantes des hypo-

C

noblesse ! quelle énergie ! Encore s'est-il
plus attaché à la beauté des vers, à
leur harmonie, & à donner aux idées
le tour le plus poëtique, trois parties
dans lesquelles il ne sera jamais surpassé.
Sa lyre, qu'il a cédée en mourant au
sublime auteur des Poësies sacrées, a
acquis sous les doigts de ce dernier
beaucoup plus de force & de rapidité.
Ce sont des images frappantes jointes
à des images encore plus frappantes.
C'est un torrent qui coule toûjours avec
la même vîtesse. L'esprit de l'homme,
naturellement amoureux des idées frivoles

crites, il remporte la victoire sur ces lions, & dans
leurs gueules écumantes il plonge sa main & brise
leurs dents. L'éclat d'une affreuse clarté répandue
dans les airs disperse les restes des ennemis qui
avoient échappé à la fureur du glaive. Les esca-
drons des ennemis dévoroient déjà dans leur course les régions qu'éclaire le soleil. Le Seigneur se
lève, il parle, & leur audace est convertie en un
morne sommeil. La justice de Dieu paroît envi-
ronnée de feux & de flammes, & la terre trem-
blante s'arrête dès qu'il paroît. La terre tressaillit
sur ses voûtes rompues, les monts se fondent à son
aspect, ils s'écoulent dans le sein des ondes em-
brasées.

qui favorifent fa pareffe, eft frappé, faifi, étonné. Cet auteur, qui avoit donné l'efpoir à la nation d'un fucceffeur de Racine dans le dramatique, paroît avoir dédaigné la molleffe du pinceau qu'il faut néceffairement employer dans ce genre. Il a rendu à fes touches toute leur vivacité, & à fon coloris toute fa hardieffe. Il a déployé les beautés de la poëfie la plus éclatante. Il femble s'être élevé dans les cieux, & avoir été arracher du fein de la divinité le feu facré qui embrafoit les prophètes. Quelles magnifiques & fou-droyantes images lorfqu'il veut tracer la puiffance du Créateur (*k*), ou peindre

(*k*) Le Seigneur fe lève, auffi-tôt on voit tom-ber les rois, les temples, les autels & les idoles; au feu de fes regards les Philiftins prennent la fuite; le mont de Sinaï fur le point de tomber en poudre chancelle fous fes pieds. Les éclats du tonnerre font le cri de fa voix. Les flots troublés reconnoif-fent fa main, & leur gouffre retentit du fon de fa parole. Ses cris, femblables au tonnerre, portent la terreur jufqu'au fond de l'abyme, & les fondemens de l'univers font ébranlés par fa courfe, ils tref-faillent d'horreur. Le tourbillon qui l'environne

les tranſports de ſa colère (*l*) ! Plaçons à
côté ces comparaiſons de l'eau & de l'or
que Pindare a miſes en œuvre, & que
l'on a toûjours regardées comme rem-

vomit des traits brulans. La mer frémit, recule, &
s'ouvre devant lui.

(*l*) Le pécheur ne verra jamais la lumière du
ſéjour divin, & mille foudres brûleront juſqu'à
la pouſſière où ſes pas furent imprimés. La mer
engloutit dans ſon horrible flanc les tyrans ſacrilè-
ges; leurs veines déchirées ſont foulées aux pieds,
& les chiens trempent leurs langues altérées dans
les flots de leur ſang. Les ennemis de Dieu troublés jettent au loin leurs armes ; leurs débris cou-
vrent la terre entière, leurs têtes roulent à ſes
pieds dans la pouſſière, & leurs cadavres nagent
dans des flots de ſang. L'eau tarit dans les flancs de
Gelboé, tous les germes s'y flétriſſent, & le fruit
ſèche dans ſa fleur. Enfin pour exterminer les
ſoldats des rois infidèles, la mort attache ſes ailes
aux flêches de Jonathas ; image la plus frappante,
la plus neuve & la plus poëtique que nous ayons
dans notre langue. Que l'expreſſion de la vulgate,
*ſagittæ erant potentes*, eſt foible, languiſſante &
proſaïque auprès de celle du poëte françois !

Les images frappantes ſont plus rares dans
Rouſſeau. J'ai été obligé de le parcourir en entier
pour raſſembler le petit nombre de celles que j'ai
citées. M. le Franc en fourmille. Il m'a ſuffi d'ouvrir ſes Poëſies ſacrées au haſard.

plies de noblesse, d'élévation & de sublimité. Un fleuve majestueux attire notre admiration dans sa course ; on ne l'apperçoit pas auprès de la vaste étendue des mers.

Mais si nous avons la supériorité sur les anciens dans le lyrique destiné à chanter les dieux & les grands hommes, nous leur sommes inférieurs dans le lyrique employé à célébrer les jeux du dieu d'Idalie, les plaisirs de Bacchus & les charmes de la volupté. Quoi de plus agréable dans ce genre que les poësies d'Horace & d'Anacréon ! Ce n'est pas qu'il n'y ait dans Rousseau des images riantes & gracieuses, mais elles sentent trop le travail, & les vers qui les renferment sont faits avec trop d'exactitude ; défaut qui fait disparoître la séduction & le prestige, & qui est plus considérable que l'on ne pense dans une partie dont la négligence & la facilité font le principal mérite. Rousseau paroît avoir raſſemblé les images avec beaucoup de peine ; elles ſemblent s'être préſentées d'elles-mêmes à Horace. A la lecture de ſes odes ne diroit-on pas qu'il eſt couché négligemment ſous des berceaux de mirthe, & qu'il trace d'une main pareſ-ſeuſe les idées que les graces s'empreſſent de lui offrir ?

Je ne crois pas devoir parler ici de l'indolent la Fare & du voluptueux Chaulieu. Je ne les ai jamais regardés comme de véritables poëtes. Leur verve étoit excitée par des objets plus propres à mettre le trouble dans les ſens qu'à embraſer l'imagination. Un feu puiſé dans l'ivreſſe de l'amour & dans la diſſipation des feſtins, étoit trop facile à s'éteindre. Auſſi ces deux auteurs ne jettent que de foibles clartés, qui ſe raniment ſeulement dans la peinture laſcive d'une jouiſſance. Ils ne parvien-dront à la poſtérité que par fragmens.

Nous avons encore dans le lyrique

un poëme que le François fait servir
d'interprète à sa joie ou à sa douleur,
& qui à l'aide du chant passe avec tant
de rapidité de bouche en bouche. Mais
on n'y trouve pas le gracieux & la négligence d'Horace. Cette partie de notre
poëfie a pris la teinture du caractère de
ceux qui lui ont donné naissance. Elle a
en partage la légèreté & la vivacité.

Que l'on ne s'attende pas que pour
relever nos avantages, je traite ici de ce
nouveau genre dramatique inconnu à
Athènes & à Rome, que la mollesse
italienne inventa dans des temps où le
vice élevoit ses autels sur les débris de
ceux de la décence, & où l'harmonie
de la voix, la tendresse des vers, le son
des instrumens & l'éblouissant du spectacle,
semblent s'être réunis pour corrompre
les cœurs avec plus de sûreté. J'y découvre, il est vrai, la forme lyrique ;
mais à l'élévation des sentimens & à la
beauté des pensées, on a substitué la

fadeur des lieux communs de galanterie
& l'infipidité des madrigaux.

Je ne paſſerai point fous ſilence les
ſuccès paſſagers d'un homme dont les
odes, quoique mauvaiſes, balancèrent
long-temps la réputation de Rouſſeau. On
ne doit pas s'étonner que des ſentimens bi-
ſarres aient trouvé de véritables approba-
teurs. La nature produit des monſtres,
elle peut enfanter des hommes avec des
organes mal difpoſés. On doit être ſurpris
que des perſonnes dont le goût avoit été
formé ſur les anciens, aient été entraînées
dans le torrent, & aient pû rendre une
eſpèce de culte à un auteur qui n'avoit
jamais étudié les modelles de l'antiquité,
qu'il mépriſoit, & dont la manière de
compoſer étoit d'autant plus vicieuſe que
des principes réfléchis le détournoient
chaque jour de la route frayée par les
plus grands génies. On commence à
revenir de cette grande admiration, mais
ce n'eſt qu'en ſecret. Ayons plus de
courage,

courage, & ne craignons point de fouiller aujourd'hui dans ses cendres, s'il doit en sortir quelque étincelle qui puisse nous éclairer.

Osons donc le dire avec une hardiesse peu convenable à mon âge (*m*), mais le ton ordinaire de la vérité ; la Mothe, insipide & rebutant dans sa traduction de l'Iliade, dur, languissant & glacial dans ses odes,

(*m*) J'ai été encouragé par cette réflexion que de célèbres Journalistes (de Trevoux) mettent au commencement de l'extrait des œuvres de M. Houdart de la Mothe : *Nous sentons combien il est avantageux de parler d'un auteur qui n'existe plus: ce moment est celui de la vérité, moment où la jalousie & la malignité, où l'adulation & la complaisance ne dirigent plus les jugemens.* D'ailleurs je ne prétends parler que des ouvrages de poësie. Je reconnois que M. de la Mothe a été un des plus grands écrivains en prose, & le premier qui ait trouvé l'art de donner aux idées même les plus communes un tour singulier & saillant. Je ne comprends pas encore dans le jugement que j'en fais ses odes anacréontiques, qui sont fort agréables, le ballet de l'Europe galante, & la pastorale d'Issé. Le génie ne brille pas beaucoup dans de pareils ouvrages; & partout où il ne falloit que de l'esprit, M. de la Mothe étoit assuré de réussir.

D

précieux dans ſes idilles, recherché dans ſes fables, ſans force & ſans nerf dans ſes tragédies, preſque toûjours mauvais verſificateur, & jamais poëte, a été totalement privé de génie. Il n'a eu en partage que beaucoup d'eſprit; qualité propre à mettre au jour des beautés locales, & à produire des.riens embellis dans des converſations futiles, ou dans un cercle de femmes frivoles, mais inutile & même dangereuſe dans la carrière poëtique, lorſque le goût, l'imagination & le génie ne lui ſont pas réunis. Il n'appartient qu'au temps à détruire des jugemens contraires formés par les intrigues & les cabales, & à diſſiper cette eſpèce d'enthouſiaſme dont on n'eſt pas encore dégagé. J'ai entendu dire à des perſonnes peu judicieuſes qu'ils donneroient la préférence à la réputation de la Mothe ſur celle de Rouſſeau. Ce ſeroit préférer, dans la conſtruction de la magnifique tour de Pharos, la gloire de

Ptolomée Philadelphe, dont le nom fut tracé fur un léger ciment, à celle de Softrate, qui grava le fien fur le marbre.

## DU POEME DIDACTIQUE.

LA THÉOGONIE & les Ouvrages & les Jours font les deux poëmes didactiques qui aient d'abord paru. Ils fe reffentent de l'enfance de l'art & de la foibleffe de leur auteur. Le pricipal mérite d'Héfiode eft d'avoir été le premier des verfificateurs. On conferve fon nom dans la claffe des poëtes, comme on conferveroit dans le catalogue des architectes célèbres le nom de celui qui commença à bâtir des chaumières. Les Géorgiques font un chef-d'œuvre. C'eft le plus parfait des ouvrages de Virgile, comme la traduction en vers qui en paroîtra quelque jour, fera la plus parfaite des traductions. N'efpérons pas établir notre fupériorité dans ce genre. Contentons-nous de n'avoir plus à rougir de notre indigence. Un homme célèbre qui a hérité les talens de son père, & qui en a fait un usage plus légitime en les consacrant à la piété, a donné un poëme que l'on a traduit dans toutes les langues de l'Europe, & qui durera autant que le sujet qui en fait la matière. Le poëme de la Religion ne périra qu'avec la religion même. Il y a un sujet didactique qu'Horace & Despréaux ont également traité. Quoique l'on retrouve Horace dans toutes ses productions, il règne cependant tant de confusion & de désordre dans son Art poëtique, que l'on ne peut s'empêcher de donner la préférence au poëte françois.

## DE LA TRAGÉDIE.

PARMI les tragiques grecs, Eschile joint à une mâle noirceur de pinceau, un coloris terrible & effrayant; Sophocle

réunit la majesté, la pompe & l'élévation; Euripide plus tendre, plus infinuant,
plus pathétique, excite fans cesse dans
nos cœurs, qu'il attendrit & qu'il ébranle,
des mouvemens de terreur & de pitié.

Les Romains, ces illustres rivaux des
Grecs dans tous les autres genres, ne
paroissent ici que pour étaler leur foi-
blesse. Il est étonnant que nous ne trou-
vions pas de monumens propres à
justifier les succès d'un peuple aussi avide
de spectacles, qui passoit une partie du
temps sur les théatres ou dans les arènes,
& qui sembloit prodiguer aux gladiateurs
fameux, aux Æsopus & aux Roscius, une
considération peut-être trop outrée, que
par la plus bisarre contrariété d'idées,
nous avons fait dégénérer en un injuste
mépris. On raconte qu'Ovide & Varus
s'étoient exercés glorieusement dans ce
genre. Mais le temps n'a fait parvenir
jusques à nous que les tragédies de
Senèque, auteur privé de génie, qui a

tout donné à l'esprit, à l'afféterie, aux pointes, aux jeux de mots & aux déclamations. Ce n'est pas qu'au milieu de ces profondes ténèbres il n'y ait quelquefois de brillantes étincelles, & des traits qui font disparoître Senèque, & qui caractérisent le grand homme. Mais cet auteur fut-il encore plus souvent supérieur à lui-même, il n'est point fait pour entrer dans l'histoire littéraire d'une nation qui a une Énéide à opposer à l'Iliade. N'entrons point dans le détail de ses fautes. Observons seulement qu'il a eu presque toûjours les yeux fermés aux traits les plus frappans de la nature. Quel ridicule n'a-t-il pas imprimé à des situations douloureuses & terribles! Hecube, sur les cendres fumantes de Troie, s'attache à décrire d'une façon ingénieuse les différentes embouchures du Tanaïs, & Thieste s'amuse à faire des madrigaux sur les membres de Plisthène égorgé par Atrée.

Les François ont été plus heureux.
La barbarie & le faux goût exerçoient
un empire tyrannique, & le voile qu'ils
étendoient fur la France devenoit de
jour en jour plus épais. Dans une ville
que l'on peut appeler le berceau des
grands hommes, Corneille paroît avec
une élévation d'efprit peu ordinaire à
l'humanité, & tous les nuages fe dif-
fipent à fa préfence. Né pour créer,
& non pour fuivre fervilement les traces
de l'antiquité, il peignit la grandeur
romaine avec une force de pinceau
prefque fupérieure à Tacite. Il n'a ap-
partenu qu'à ces écrivains célèbres d'être
les organes des princes les plus habiles
dans l'art de regner, & de faire parler
dignement les Cefar, les Augufte & les
Othon. Corneille enfin, toûjours inégal,
parce qu'il vouloit être toûjours fublime, a enfanté des beautés fupérieures
à celles des anciens, & qu'ils auroient

été hors d'état de produire (*n*). Mais fon efprit, fans ceffe porté à l'élévation, étoit peut-être incapable de defcendre aux détails qu'exige la fcience du cœur. Auffi a-t-il ignoré le langage de l'amour, qu'il appeloit un commerce rampant de foupirs & de flammes. Il eft méconnoiffable quand il faut exprimer la tendreffe & le fentiment. On pourroit encore lui

---

(*n*) Je ne citerai qu'un exemple. Il eft tiré de la Mort de Pompée, acte III, fcène 2.

PTOLOMÉE à *Cefar.*

Seigneur, montez au trône, & commandez ici.

CESAR.

Connoiffez-vous Cefar, de lui parler ainfi ?
Que m'offriroit de pis la fortune ennemie,
A moi qui tiens le trône égal à l'infamie ?
Certes Rome à ce coup pourroit bien fe vanter
D'avoir eu jufte lieu de me perfécuter,
Elle qui d'un même œil les donne & les dédaigne,
Qui ne voit rien aux Rois qu'elle aime ou qu'elle
(craigne,
Et qui verfe en nos cœurs avec l'ame & le fang,
Et la haine du nom, & le mépris du rang.

Que l'on parcoure tous les tragiques grecs ; on ne trouvera aucune beauté de ce genre.

reprocher

reprocher de n'avoir été ni affez pur
ni affez noble dans fon ftyle. La barbarie
de fes expreffions rebute le commun
des lecteurs. On lit peu fes bonnes
tragédies ; on rejette fes médiocres. Il
feroit à fouhaiter que l'on ne fût point
effrayé des épines qui environnent fes
fleurs. Il y a de très-beaux endroits
dans des pièces que l'on a entièrement
abandonnées. Ce font des morceaux
de Phidias perdus dans les ruines d'Her-
culanum.

Corneille étoit le maître de la !fcène
françoife, lorfqu'on vit paroître Racine,
auteur nourri de la lecture des Grecs,
né avec un efprit perçant, propre à lire
dans le cœur des hommes leurs foibleffes les plus cachées, & à diftinguer les
plus délicates nuances de leurs paffions.
Il s'eft attaché furtout à infpirer la terreur & la pitié, dont il avoit étudié les
fources dans Euripide, le plus tragique
des Grecs, au jugement d'Ariftote, & avec

E

qui il avoit, fi j'ofe m'exprimer ainfi, une affinité de génie. Plus pur, plus élégant, plus foûtenu que Corneille, il lui eft fort fupérieur dans la peinture de l'amour, que l'auteur de Rodogune a traité ridiculement. Je ne parlerai point de Pradon, qui eut la hardieffe de joûter avec un homme qu'il devoit refpecter comme fon maître. Des perfonnes l'appellent le rival de Racine. On ne donne point le nom d'adverfaires aux infectes qu'un éléphant écrafe dans fa marche.

On avoit fouvent prétendu régler la mefure de génie qu'avoient reçûe en partage nos deux auteurs tragiques. On avoit beaucoup difputé, on avoit beaucoup écrit, & la queftion étoit encore indécife. Un écrivain célèbre (o), qui n'avoit pas befoin de naître dans le plus haut rang pour fixer les regards de fes

(o) M. L. D. D. N. termina ainfi dans une converfation particulière une queftion toûjours inutilement agitée. Une penfée de génie vaut feule des volumes entiers.

contemporains & de la poſtérité, a établi la même différence entre Corneille & Racine qu'entre Orondate & M. de Turenne. Les laborieux commentaires d'Euſtathe ne renferment pas tant de ſens que ces mots.

Après les auteurs de Cinna & d'Athalie, le théatre retomba dans la médiocrité. Il parut un nombre prodigieux de tragédies dont à peine a-t-on daigné conſerver les noms. Campiſtron, admirable ſurtout dans la diſtribution & l'économie de ſes pièces, entrouvrit les nuages qui environnoient la ſcène. Les ſuccès brillans d'Alcibiade & de Tiridate le vengent tous les jours de la manière injuſte dont il a été traité dans des ouvrages publiés après ſa mort. De pareilles cenſures, qui heurtent de front l'admiration du public, ſont plus déplacées dans quelques écrivains. Il me ſemble voir ceux qui cherchent des diamans ſur les rivages de Golconde faire des imprécations contre les mines qu'ils viennent de dépouiller.

Enfin le théatre fortit entièrement de fes ruines. L'auteur d'Électre & de Rhadamifte fût prendre hardiment une route nouvelle. Auffi grand quelquefois que Corneille (*p*), fouvent auffi pathétique que Racine, il a été plus tragique que

(*p*) M. de Crebillon a des morceaux qui peuvent être comparés aux plus élevés de Corneille. J'en tranfcris ici quelques-uns au hafard, & tels que ma mémoire me les fournit.

PHARASMANE *à Rhadamifte, parlant des Romains.*

Que font vos légions ? Ces fuperbes vainqueurs
Ne combattent-ils plus que par ambaffadeurs ?
C'eft la flamme à la main qu'il faut dans l'Ibérie
Me diftraire du foin d'entrer dans l'Arménie,
Non par de vains difcours, indignes des Romains,
Quand je vais par le fer m'en ouvrir les chemins.

ATRE'E *à Eurifthène.*

Je voudrois me venger, fût-ce même des dieux.
Du plus puiffant de tous j'ai reçû la naiffance ;
Je le fens au plaifir que me fait la vengeance.

PALAMEDE *à Tidée.*

Si je difois un mot, je vous ferois trembler.
Vous n'êtes point mon fils, ni digne encor de l'être.

CATILINA *à Cicéron.*

Approche, Plébeien, viens voir mourir un homme
Qui t'a laiffé vivant pour la honte de Rome.

tous ſes prédéceſſeurs anciens ou modernes. Dans ſes pièces la terreur eſt portée au plus haut point. Il y a des endroits qui paroiſſent avoir été tracés dans des tombeaux, avec des pinceaux trempés dans le ſang, & des couleurs broyées par les furies.

Il ne paroît point encore des hommes propres à lui ſuccéder. Il eſt à craindre qu'il ne ſoit dans l'hiſtoire de notre théatre comme les dernières paillettes d'or que le Pactole roula dans ſes ondes. Le véritable tragique ſemble être totalement inconnu. C'eſt en vain que l'on a prétendu le remplacer par des détails brillans & par des ornemens auſſi déplacés peut-être que le ſeroient dans les murailles d'une fortereſſe des frontiſpices & des chapiteaux travaillés par Girardon ou le Puget.

Plaçons maintenant les anciens vis-à-vis des modernes. Que notre comparaiſon ſe borne à la diſtribution du ſujet, aux caractères, & à la diction ; & fans nous appefantir fur les détails, paffons fur ces trois objets avec une extrême rapidité de pinceau.

*Diftribu-*
*tion du*
*fujet.*

L A diftribution du fujet confifte à ne pas faire languir l'action , à ménager des fituations intéreffantes, & à conduire les fcènes d'une manière vrai-femblable & régulière. Combien en eft-il cependant dans l'Iphigénie d'Euripide (*q*), où l'action languit par des difputes indécentes (*r*), par des déclamations inutiles (*f*), & par

(*q*) Quoique les défauts dont je parle ici, fe retrouvent dans prefque toutes les pièces des tragiques grecs, je me fuis borné à tirer les exemples de l'Iphigénie d'Euripide. En multipliant les citations, il auroit fallu un ouvrage plus étendu que ne le comporte la nature de celui-ci. J'ai voulu refpecter les bornes qui m'avoient été prefcrites.

(*r*) *Act. II. Scen.* 1. & 2. *Euripid. de l'édit. de Paul Eftienne , in-4.º t. II. p.* 84. Ménélas arrache une lettre au vieillard qui en étoit le porteur. Agamemnon & lui fe difent des injures.

(*f*) *Act. III. Scèn.* 1. *pag.* 99. Le commencement d'un acte qui pique le plus la curiofité du

des détails déplacés (*t*) ! Comment excufer cette ennuyeufe généalogie mife
dans la bouche d'Agamemnon(*u*) ! Quelle

fpectateur, eft ici rempli par le chœur, qui déclame
à fon ordinaire des chofes dont le moindre défaut
eft d'être inutiles.

(*t*) *Act. III. Scèn.* 2. *pag.* 100. Cette fcène eft
ennuyeufe à mourir. Clitemneftre reffemble plûtôt ici à une bourgeoife qu'à la femme du plus
grand roi de la Grèce. Elle entre dans les détails
de ménage les plus infipides. Elle fait vuider le
char en fa préfence, elle fait defcendre le petit
Orefte, elle fe fait donner la main pour defcendre
elle-même ; coups de théatre bien agréables &
bien intéreffans pour le fpectateur, aux yeux de
qui tout cela fe paffe, & qui eft obligé bongré
malgré de dévorer l'ennui de cette longue defcen-
te de coche.
*Act. I. pag.* 69. Le récit que fait Agamemnon
eft trop long & trop détaillé pour un homme qui
doit être uniquement occupé de fa douleur.

(*u*) *Act. III. Scèn.* 4. C'eft une généalogie en
forme. Agamemnon la commence à Jupiter. Achille n'étoit-il pas affez connu de toute la Grèce ? Les
adorateurs outrés des anciens difent que c'étoit
pour en informer la reine, qui l'ignoroit. A quoi
je réponds que c'étoit en particulier qu'il falloit
guérir l'ignorance de Clitemneftre, & non fur le
théatre, où tout doit fe rapporter au goût du
fpectateur.

longueur dans la peinture de ces mœurs
& de ces prétendues bienséances (*x*),
qui retardent l'action jusques à la faire
perdre de vûe ! Que seroit-ce, si nous
suivions le poëte dans ces scènes moins
étrangères au sujet, mais qui deviennent
languissantes par leur inutilité (*y*) ou
par leur répétition (*z*) ? Quel jugement
porterions-nous de celles qui ne sont
remplies que par des monologues trop
fréquens (*a*), par les demandes superflues
d'Achille (*b*), & par des personnages qui

---

(*x*) *Act. IV. Scèn. 2. pag.* 111. Quel triste rôle
fait-on jouer ici à Clitemnestre ! On lui laisse es-
suyer la confusion ordinaire à une mère qui croit
parler à l'époux de sa fille , & qui voit par les dis-
cours qui lui sont tenus , qu'on n'a jamais pensé à
elle. Voilà ce qui est pécher contre les bienséances. C'est sur ces bienséances-là que le poëte devoit être scrupuleux, & non sur ce que la femme
d'un général d'armée paroissoit dans un camp où
se trouvoit son époux.

(*y*) *Act. V. Scèn.* 8. *pag.* 146.

(*z*) *Act. V. Scèn.* 4. *pag.* 137.

(*a*) *Act. III. Sc.* 5. *p.* 107. *Act. V. Sc.* 1. *p.* 125.

(*b*) *Act. IV. Scèn.* 1. *pag.* 110.

occupent

occupent le théatre avec trop de continuité (c) ?

Figurons-nous un pareil fujet fous les
crayons & les pinceaux de Raphael ou
du Carrache. Auroient-ils partagé l'attention, en multipliant ainfi les objets
fur la toile ? Des foldats rangés autour
de l'autel, Calchas armé du couteau
facré, Iphigénie prête à recevoir le coup
fatal, Achille tranfporté de colère & de
fureur, défendant les jours de cette prin-
ceffe contre toute l'armée, Agamemnon
détournant fon vifage, ou le couvrant
de ce voile heureux que lui donne Timante ; tel auroit été le fond de leurs
tableaux ; telle eft auffi la diftribution
de la pièce de Racine, où l'on ne voit
aucun objet étranger, où tout a rapport,

(c) *Aft. V. Scèn. 7. pag.* 144. Iphigénie auroit
dû abandonner plûtôt la fcène, où elle ne dit que
des inutilités après le départ de Clitemneftre. On
n'a pas le temps de reffentir de véritables alarmes.
On apprend dans le moment qu'une biche a été
immolée à fa place.

E.

où tout tend à Iphigénie. Qu'on l'ouvre, & que l'on y examine la progreſſion des ſcènes. On objectera, je le ſais, l'épiſode d'Ériphile ; mais que l'on faſſe attention qu'il eſt différent de tous les autres que le poëte françois a mis en œuvre, & dont je ne voudrois point entreprendre la défenſe. Je me ſuis ſurtout apperçû aux repréſentations de Phèdre du mauvais effet de celui d'Aricie. Il détruiſoit à chaque moment dans mon cœur les impreſſions que l'épouſe de Théſée venoit d'y produire. On peut excuſer celui d'Ériphile, en ce qu'il prépare un dénouement plus naturel que la biche ſubſtituée, & qu'il donne lieu à des ſituations intéreſſantes, que les anciens n'ont pas recherchées avec autant de ſoin que les modernes.

Euripide n'a tiré de ſon ſujet que celles qu'il lui préſentoit naturellement. Racine a raſſemblé une foule de beautés en rendant Achille amoureux d'Iphigénie,

& Ériphile amoureuſe d'Achille ; il a obſervé les contraſtes les plus frappans, & il a placé une infinité de ſituations brillantes qui ne s'offrent pas, il eſt vrai, dans un même ſujet ; mais une main habile ſait les réunir, & une pareille réunion eſt le fruit de l'art & du travail.

La conduite des ſcènes n'eſt pas moins défectueuſe dans les anciens. A l'exception de la première de l'Œdipe de Sophocle, qui forme la plus belle expoſition qu'il y ait ſur le théatre, ils commencent leurs pièces d'une manière languiſſante. Euripide fait des prologues ſouvent étrangers au ſujet, & toûjours rebutans par leur longueur & leur uniformité. Ce ſont les avenues d'un palais ſemées de décombres & de débris. Les dénouemens ne lui coûtent pas plus que les préparations. Il fait paroître ſur le théatre un étranger pour écouter le ſujet de l'action, il fait deſcendre une divinité pour la terminer. Il pèche ſonvent contre une des principales règles, qui veut que tous les perſonnages ſoient annoncés dans le premier acte, qu'il ne tardent pas à paroître, & qu'ils ſoient amenés d'une manière relative au ſujet principal. Dans l'Iphigénie il n'introduit Achille qu'au quatrième, ſans qu'il ait été annoncé au premier, & ſans qu'il ait une raiſon aſſez forte pour ſe préſenter ſur le théatre. Racine fait paroître Achille dès la ſeconde ſcène, conduit par la violence de ſon amour.

Telle eſt la manière dont les anciens diſtribuent leurs pièces. Il ſeroit auſſi in-juſte de les accuſer de cette imperfection dans l'économie de leurs ſujets, que de les accuſer de n'avoir point connu la gravitation de Newton & les forces de Leibnits. Le langage des paſſions, & la connoiſſance des règles juſqu'à un certain degré, ſont de tous les ſiècles & de tous les âges. La perfection de ces règles n'ap-partient qu'au temps & à des réflexions

profondes foûtenues par une longue
expérience. Paffons à l'art des caractères,
ce principal mobile de la tragédie.

Il ne feroit pas difficile, à confidérer
les caractères en général, d'établir la
fupériorité des François dans cette partie.
Que font en effet tous ceux que nous
ont laiffés les anciens auprès de la fière
Cornélie, de l'artificieufe Cléopatre &
de la vindicative Émilie ? Horace, Cinna,
Sertorius, quels noms ! Il fuffit de les
entendre prononcer pour reffentir dans
fon ame des mouvemens de grandeur
& de fermeté. Mais jetons nos yeux fur
des caractères traités par les anciens &
les modernes. Continuons notre comparaifon entre l'Iphigénie d'Euripide &
celle de Racine. Le contrafte fera plus
fenfible.

Le poëte grec ne devoit pas introduire
Menelas dans cette pièce. La préfence
d'un homme auffi cruellement outragé

par fa femme ne pouvoit que revolter le fpectateur. Elle feroit rire aujourd'hui les François. Il étoit d'ailleurs très-difficile de lui conferver un caractère qui lui fût propre, & de ne pas tomber dans les fautes groffières qu'Euripide a commifes. Quelle horreur n'a-t-on pas pour Menelas lorfqu'il encourage Agamemnon à immoler Iphigénie ? miniftère odieux, qui ne convenoit pas à un frère, & à une perfonne trop intéreffée à fatisfaire la demande de Calchas. Racine a fagement fupprimé ce rôle, & pour preffer la mort de la victime, il a employé le plus éloquent des grecs, Uliffe, que l'intérêt de la patrie & l'honneur de la Grèce autorifent à cet emploi. Avec quel ménagement ne s'acquitte-t-il pas de cette fonction? Il s'attendrit, il verfe des larmes fur les malheurs d'Agamemnon, & fans avoir recours aux injures de Menelas, il lui montre la néceffité de ce facrifice. Enfin le poëte françois a mis le comble à la beauté de ce caractère en faifant annoncer le falut d'Iphigénie par cet Uliffe même qui demandoit fa mort de la manière la plus preffante.

Le caractère de Clitemneftre eft défectueux en bien des endroits. Quoi de plus déplacé que fes reproches dans le temps qu'elle doit fe livrer à l'excès de fa rage & de fes emportemens ? Quoi de moins naturel que cette gradation trop exacte qu'elle fait depuis fon enlevement jufqu'à la naiffance d'Iphigénie? Une ame poffédée par la douleur, & agitée par la colère, n'obferve pas un ordre fi didactique dans fes fureurs. Les foupirs, les exclamations, les menaces compofent fon langage. Quel art infini Racine n'a-t-il pas mis dans une pareille circonftance ? Quelle beauté dans ce filence rempli d'indignation qu'il fait garder à Clitemneftre! Enfin dans Euripide je ne retrouve pas le caractère d'une mère véritablement affligée, dans la tranquillité qu'elle garde en quittant Iphigénie résolue à mourir (*d*). Dans le poëte françois elle appelle toute la nature à son secours, elle semble vouloir associer tous les êtres à sa vengeance.

On voit dans Iphigénie un trop grand attachement à la vie. Ses retours si fréquens sur le bonheur de jouir de la lumière du jour, fussent-ils moins con-

(*d*) On a senti ce défaut, & l'on a prétendu l'excuser, en supposant que Clitemnestre s'évanouissoit derrière le théatre. Une légère connoissance du méchanisme des passions fait bien-tôt appercevoir la frivolité de cette supposition gratuite. Les adieux d'Iphigénie à sa mère ne suffisent pas pour produire un pareil effet sur Clitemnestre, qui s'étoit déjà préparée à tous les événemens. L'évanouissement auroit dû plûtôt arriver à la première nouvelle que lui donne le vieillard, & je le trouverois encore naturel, si elle voyoit frapper le dernier co. D'ailleurs le caractère de Clitemnestre est plus mêlé d'indignation que de douleur. Or la douleur soûtenue par l'indignation, ne s'annonce pas par un inutile évanouissement ; elle exhale ses transports d'une manière plus éclatante ; elle tonne, tempête, éclate, crie, se répand en menaces.

damnables,

damnables, devroit-elle dire qu'une vie remplie de triſteſſe & de malheurs eſt préférable à la plus glorieuſe mort? Le ſang des rois & des héros qui couloit dans ſes veines lui inſpiroit-il des ſentimens auſſi bas ? On ne peut encore s'accoûtumer aux reproches cruels qu'elle fait à ſon père ſur ſon inhumanité. Dans Racine, toûjours ſoûmiſe, toûjours dévouée aux volontés d'Agamemnon, elle prie ſa mère de ne jamais lui reprocher ſon trépas ; & ſi elle deſire de vivre encore, ce n'eſt que dans la vûe d'épargner l'affliction de Clitemneſtre & d'Achille. Le langage trop recherché de l'Iphigénie d'Euripide n'eſt point d'ailleurs dicté par la douleur.

Le caractère d'Agamemnon eſt aſſez bien ſoûtenu dans le poëte grec. Ses diſcours cependant ſont quelquefois peu convenables à ſa ſituation. Il manque de dignité dans les entretiens qu'il a avec Menelas. Il lui faudroit la nobleſſe

G

& la fierté de l'Agamemnon de Racine.

Euripide s'est oublié dans le caractère d'Achille. Que de défauts n'y découvre-t-on pas ! Quelle indifférence de la part d'Achille pour Iphigénie ! Un amant renonce-t-il avec autant de facilité à la possession d'une amante chérie ? n'est-il pas singulier qu'il offre cette Princesse en sacrifice à Diane, & qu'il fasse lui-même les libations ? Je ne sais ce que l'on a prétendu en reprochant à Racine de lui avoir donné l'air françois & galant. Les foiblesses amoureuses seroient-elles peu vrai-semblables dans un siècle où les guerres les plus cruelles n'avoient d'autre origine que l'enlève-ment d'une femme ? Ou l'amour seroit-il étranger dans quelques pays ? N'exerce-t-il pas également son empire dans les neiges de la Laponie, & dans les sables brûlans de Zara, dans les forêts sauvages de l'Amérique, & dans les cercles brillans de Paris. Les nuances seules sont diffé-

rentes, & ces nuances même, rapprochées
& analysées avec soin, se trouveroient
imperceptibles. Une passion qui a les
sens pour organe, ne peut être que très-
uniforme dans tous les climats du monde.

Il n'y a pas de monument dans l'antiquité où le caractère de hauteur attribué
à Achille soit mieux dépeint que dans
la pièce françoise (e). Il y est représenté
dans une situation toute nouvelle. Ce
n'est point Achille ne mettant aucun
frein à ses emportemens, mais Achille
agité par la plus vive colère, & retenu
par l'amour le plus respectueux; idée
que je croirois volontiers avoir été prise
d'Homère (f), où dans une pareille circonstance Minerve arrête les transports
du fils de Pélée.

Un examen plus étendu feroit voir combien est outrée l'accusation que l'on forme
contre Racine d'amollir tous ses person-

(e) *Act. IV. Scèn. 6.*
(f) *Iliad. 1.*

nages. Un préjugé peut-être trop général semble encore ne lui accorder que le mérite d'avoir bien traité l'amour. Ce n'est pas selon moi la partie dans laquelle il a le plus excellé. Il me paroît supérieur dans les caractères élevés. Il a fait parler, je l'avoue, Hermione, Roxane, Atalide, Bérénice, Aricie. Mais n'a-t-il pas produit Andromaque, Acomat, Agrippine, Burrhus & Paulin ? n'est-il pas l'auteur de cette pièce où l'amour n'a aucune part, & que l'on regarde cependant comme le chef-d'œuvre de la poësie & de l'esprit humain ?

Il y a enfin trop d'inégalité dans les caractères des anciens. Euripide, selon Aristote, est très-inégal pour les mœurs. Quel changement & quelle inconstance dans Iphigénie, Achille & Menelas ! Je ne m'étendrai pas sur beaucoup d'autres caractères défectueux. Examinons si nous sommes encore supérieurs aux anciens dans la diction.

L E principal mérite de la diction con-   *Diction.*
fiste dans la noblesse. Ce n'est pas que
l'on doive prendre pour modelle ces
tirades ampoulées où les auteurs, nouveaux Sénèques, ne donnent, au lieu
d'une véritable lumière, que des lueurs
& des éclairs, & mettent indifféremment
dans la bouche des rois ou des acteurs su-
balternes, les plus brillantes métaphores,
& les figures les plus hardies. On doit se
contenter d'éviter la bassesse. On ne peut
douter que les anciens n'aient des détails
extrêmement bas. Leurs spectateurs, dit-
on, n'en étoient point choqués. Mais si
le goût du siècle est devenu plus délicat,
& s'il en coûte plus aux auteurs de ce
temps pour s'y conformer, ne méritent-
ils pas d'être placés au dessus, & la gloire
ne doit-elle pas augmenter avec les
obstacles ? Euripide s'est permis des traits
de satyre grossiers contre les femmes, qui
ne me paroissent pas dignes de la majesté
du cothurne. On sait combien Racine

a excellé dans cette partie, & avec quelle nobleſſe il fait parler tous ſes perſonnages. On peut comparer ces deux auteurs.

MON deſſein n'eſt pas de déprimer les anciens par ces remarques que je viens de haſarder. Je reſſemble aux aſtronomes, qui en cherchant des taches dans le ſoleil, ne prétendent pas enlever à cet aſtre ſa force & ſa lumière. Après avoir marché ſur les terres incultes, ſablonneuſes & ſauvages du Potoſi, entrouvrons le ſein de la montagne pour en retirer l'or qu'elle renferme. Nous trouverons dans les tragiques grecs de grandes beautés, qu'il faudroit être bien injuſte pour ne pas appercevoir. Ils excellent ſurtout à peindre les paſſions & le ſentiment. Ils poſſèdent l'art heureux de pénétrer dans les cœurs. La lecture de l'Iphigénie d'Euripide m'a arraché des larmes. Cette preuve a été plus convaincante pour moi que tous les préceptes stériles d'une sèche poëtique. Il faut même avouer qu'il y a des morceaux plus touchans que dans celle de Racine. Mais si les anciens ont l'avantage de ce côté, nous avons aussi plus d'art dans l'arrangement du sujet, plus de force, de bienséances & d'égalité dans les caractères, & plus de noblesse dans la diction. Nous serions encore plus parfaits dans ce genre, mais nous avons presque toûjours avili par des intrigues amoureuses les sujets les plus relevés, & répandu souvent un vernis de galanterie sur les farouches Brutus & les austères Catons de la république.

Puisse, pour la gloire de la nation, s'élever un génie mâle, capable de remplacer cet homme vénérable (g) qui soûtient encore d'une main fatiguée les colonnes chancelantes de notre théatre ! Puisse s'élever quelque arbrisseau verdoyant sur ce tronc superbe que le souffle aride du

(g) M. de Crébillon.

temps va deſſécher ! Les auteurs qui font entrés de nos jours dans cette carrière, font plus propres à exciter nos regrets qu'à ranimer notre eſpoir. C'étoient des inſectes vils & rampans qui ont oſé lever leurs têtes orgueilleuſes tant que l'on a dédaigné de les écraſer. Mais les coups hardis d'un critique célèbre les ont faits rentrer dans le limon impur qui les avoit produits. On renouvellera peut-être l'inſulte que l'on a ſouvent faite au bon goût, & dans des aſſemblages informes on placera les fruits pitoyables de leur veine languiſſante à côté des chefs-d'œuvres de nos grands maîtres. Ces recueils ridicules, bien loin de ſervir à leur gloire, iront dépoſer à la poſtérité combien la nature a été marâtre à leur égard. Un voiſinage brillant ne leur procurera aucun éclat. Le Danube & l'Ingt prennent leur ſource dans les mêmes montagnes. Le premier dans ſa courſe vaſte & rapide forme un des plus grands

grands fleuves de l'univers; le second devient un ruisseau foible & timide, qui se cache sous des herbes, & qui se perd dans des roseaux.

---

## DE LA COMÉDIE.

L'AURORE de la comédie chez les françois ne promit pas d'abord des jours fort lumineux. Les farces des pélérins étoient faites en dépit du bon sens & de la raison, & les piéces des comiques qui leur succédèrent, en dépit du bon goût & du génie. Mais à la naissance de Louis XIV, parmi la foule des grands hommes que la nature fit naître dans le même temps pour immortaliser son règne, Molière fut celui qui illustra le plus sa patrie, en lui procurant dans ce genre une supériorité marquée sur les anciens. Mettons-les ensemble dans la balance, & par une exacte comparaison, fondée sur des principes solides, nous verrons

H

que cet écrivain leur a été fupérieur dans toutes ces parties, genre de comédie, choix de fujets, ton, difpofition des pièces, nœuds, dénouemens, caractères, imagination, variété, force comique, bonne plaifanterie, ftyle & perfection du dialogue. Envifageons ce genre fous tant de points différens. Ce n'eft pas un tableau de fantaifie que nous ayons deffein de produire ; c'eft un enchaînement de preuves que nous voulons préfenter, & que nous ne faurions affez foûmettre à une divifion géométrique. La sèchereffe fe répandra de plus en plus fur la matière; le terrein va devenir pierreux ; mais pour arriver à Palmyre, ne craignons point de marcher fur des fables & dans des déferts.

*Genre de Comédie.* L A comédie (*h*) eft un tableau de la vie commune, dont le but eft de corriger les hommes par des portraits fidèles &

(*h*) *Ariftot. Poët.*

généraux de leurs ridicules. Cette défi-
nition, puiſée dans la nature, & ſi con-
forme aux loix de la raiſon, a-t-elle été
ſuivie par les anciens?

Ariſtophane ne préſente dans ſes ouvrages que des traits lancés contre les
magiſtrats, les hommes chargés du gouvernement, & les dieux même, ou des
ſatyres perſonnelles contre des particuliers diſtingués par leur mérite & leur
vertu. Eſt-ce là remplir le but de la
comédie? étoit-ce corriger les Athéniens
que de leur parler le langage de la re-
volte & de l'impiété, & de détruire dans
leur eſprit la réputation la mieux établie?
Enfin le théatre, dont la fin principale
eſt, à la vérité, de nous inſtruire, mais
toûjours ſous l'appas du plaiſir, doit-il
être le fléau des citoyens, & devenir un
tribunal où le caprice d'un poëte licen-
tieux puiſſe nous citer à ſon gré?

On ne voit dans les pièces de Plaute
que des avantures ſingulières & uniques,

groſſièrement racontées, & dans celles de Ménandre & de Térence, que des intrigues élégamment, mais froidement décrites. Le genre de ces trois auteurs ne procure à l'eſprit que le médiocre plaiſir qui réſulte du récit d'une brillante chimère ou d'une hiſtoire amoureuſe, ſans profit pour nos mœurs, ſans aucune inſtruction; & par conſéquent d'une manière contraire au véritable but de la comédie.

Il étoit réſervé à Molière de découvrir le ſeul objet du poëme dramatique. Il l'a rendu une école de mœurs & de bienſéances, & il a préſenté à ſes contemporains les portraits & les caractères de leurs ridicules, pour leur utilité, ainſi que pour leur amuſement.

*Choix de Sujets.* CES routes différentes ont dû inſpirer des ſujets différens. La principale qualité des ſujets eſt de procurer un intérêt général à toute ſorte de ſpectateurs.

Ariſtophane, n'a eu en vûe que de ſatis-
faire le goût politique des Athéniens, ou
ſon penchant à la ſatyre. On ne parle
ſur ſon théatre que de gouvernement qui
panche vers ſa ruine, d'état pillé, d'ad-
miniſtrateurs infidèles, de tréſoriers pré-
varicateurs, enfin d'un Socrate & d'un
Euripide, qui devoient fixer les regards
du public par leurs vertus & leurs talens,
& non par les détails de leur vie privée.

Dans Plaute des dieux (i) prennent la
figure des mortels pour ſéduire la vertu
d'une femme ; & l'on ne peut diſtinguer
des frères (k) qui ont entr'eux la reſſem-
blance la plus parfaite. On y voit une
peinture continuelle des mépriſes occa-
ſionnées par une pareille conformité.
Une des maximes eſſentielles du poëme

(i) L'*Amphitrion*. Dans cette pièce Jupiter, devenu amoureux d'Alcmène, deſcend avec Mercure
ſur la terre. Ils ſe déguiſent tous deux, l'un ſous
la figure du mari d'Alcmène, & l'autre ſous celle
de ſon valet.

(k) Les *Menechmes*.

dramatique eft de préfenter des événemens vrai-femblables & fréquens dans le
commerce de la vie. Alors le fpectateur
prend de l'intérêt, il s'attache, il fent
qu'il peut fe trouver dans une pareille
fituation. Mais du temps de Plaute les
époux craignoient-ils d'être un jour dans
le cas d'Amphitrion & d'Alcmène ? les
frères appréhendoient-ils d'éprouver le
fort des Menechmes ?

Les fujets de Térence, entièrement
conformes à ceux de Ménandre, dont il
ne nous refte que des fragmens, quoique
plus généraux, ne font guère plus intéreffans. On n'apperçoit (*l*) que des voya-
ges fur mer, des naufrages, des enlève-
mens par des pirates, des efclavages
réiterés, des traveftiffemens pour féduire
une amante, des reconnoiffances imprévûes, enfin une foule d'accidens trop
bifarres pour avoir le degré de vrai-fem-

_____

(*l*) Dans l'*Eunuque*, l'*Andrienne* & prefque
toutes les autres pièces.

blance néceffaire. Une feconde repréfentation de ces avantures fi extraordinaires
pouvoit-elle plaire aux Romains ? Le
goût, qui n'admet jamais que le vrai,
approuvoit-il ces fonges brillans ?

Les fujets que Molière a choifis pro-
curent toûjours un nouveau plaifir. Ils
ont été pris dans l'hiftoire du cœur humain. Ils plairont dans quelques climats
qu'ils foient tranfportés, & ils intéreffe-
ront par-tout où il y aura des hommes.
Qui fe lafferoit en effet de voir fur la
fcène les vifions fingulières d'un Argan (*m*), les dépits amoureux d'un Érafte
& d'une Lucile (*n*), le ridicule des airs
précieux d'une Magdelon & d'une Ca-
thos (*o*), les fauffes défiances d'un Sganarelle (*p*), les importunités d'un Lyfandre
& d'un Alcandre (*q*), les mœurs farou-

(*m*) Le *Malade imaginaire.*
(*n*) Le *Dépit amoureux.*
(*o*) Les *Précieufes ridicules.*
(*p*) Le *Cocu imaginaire.*
(*q*) Les *Fâcheux.*

ches & fauvages d'un Alcefte (r), l'im-
pofture d'un Tartuffe (ſ), l'avarice d'un
Harpagon (t), le pédantifme & l'affecta-
tion de bel efprit dans les Philamintes &
les Armandes (u)? Quelle vrai-femblance,
quel intérêt dans ces fujets ! Les origi-
naux de ces copies fe préfentent à chaque
pas dans le monde.

Enfin une fatyre déplaît, la première
lecture d'un roman amufe ; mais on re-
voit toûjours avec une nouvelle fatis-
faction les portraits & les ridicules de
ceux avec qui nous vivons journelle-
ment. On ne peut mieux caractérifer le
rang que doivent tenir les auteurs comiques par rapport au genre de comédie
& au choix de fujets, que les anciens
n'ont pas traités avec affez de dignité.

(r) Le *Mifantrope.*
(ſ) Le *Tartuffe.*
(t) L'*Avare.*
(u) Les *Femmes favantes.*

TOUTES

TOUTES les parties des belles lettres *Ton.* exigent de la nobleſſe. Ainſi dans l'églogue nous rendons les bergers ſpirituels & polis, en les dépouillant de l'ignorance & de la groſſièreté qui font leur caractère. Quoique la comédie ne repréſente que la vie commune, elle eſt cependant ſuſceptible d'une certaine grandeur. C'eſt en lui donnant un ton qu'elle avoit ignoré juſque-là, que Molière a encore ſurpaſſé les anciens. Le théatre des Grecs & des Romains ſe borne à la condition la plus bourgeoiſe. Molière a oſé introduire ſur le ſien la peinture de la cour, ſource intariſſable de ridicules & de défauts.

IL ne ſuffit pas de choiſir & d'enviſager *Diſpoſi-* les ſujets, il faut encore leur donner une *tion des* diſpoſition régulière. De la ſimplicité *pièces.* dans la conduite des pièces, beaucoup d'art dans la manière de les annoncer, & une grande liaiſon entre les ſcènes,

I

font la beauté de cette ordonnance. La simplicité paroît d'abord regner dans les pièces d'Ariftophane ; mais une foule d'incidens étrangers leur font bien-tôt perdre ce caractère. On voit de nouveaux acteurs (x) fe fuccéder les uns aux autres, fans être préparés ni amenés. L'efprit fe perd dans cette confufion. Plaute a un peu plus approché de cette fimplicité. Térence eft le plus compliqué. Deux comédies de Ménandre lui fuffifoient à péine pour en compofer une des fiennes. Elles préfentent toutes un long tiffu d'événemens romanefques que l'on ne peut débrouiller fans une grande contention d'efprit. Dans l'Andrienne il y a deux amours. La fimplicité de Molière eft inimitable. Il prend un caractère, qu'il fuit pas à pas, & tous les incidens, qu'il fait naître à propos, ne fervent qu'à le développer aux yeux du fpectateur, qui ne le perd plus de vûe.

(x) Dans le *Plutus* & plufieurs de fes autres pièces.

Aucun n'a montré tant de groſſièreté que Plaute dans la manière d'annoncer les pièces. Il explique ſouvent dans les prologues le dénouement & la cataſtrophe. Il détruit par là le plaiſir du ſpectateur, qui ne peut que languir dans la repréſentation d'un événement dont il entrevoit déjà l'iſſue. Ariſtophane & Térence ont un peu plus d'art que Plaute. Mais aucun n'a poſſédé comme Molière le talent d'annoncer le caractère .des perſonnages dès la première ſcène, ſans donner à entendre le nœud ni le dénouement. On reconnoît un miſanthrope & un malade imaginaire aux premières paroles qu'Alceſte & Argan récitent ſur le théatre, mais on ne peut entrevoir encore le fond principal de la pièce.

On doit enfin mettre une grande liaiſon entre les ſcènes, afin que l'action ne languiſſe jamais par des ſcènes étrangères qui en coupent le fil, comme on en voit très-ſouvent dans Plaute, qui mêle la

repréſentation avec l'action théatrale(*y*).
C'eſt un défaut qui choque la vrai-ſem-
blance, une des parties les plus eſſentielles du poëme dramatique. Ariſtophane &
Térence n'ont pas péché ſi ouvertement
contre cette règle. Il y a cependant dans
le cours de leurs pièces des digreſſions
& des narrations fort inutiles, qui em-
pêchent de courir à l'événement.

Molière eſt celui qui a le plus connu
l'importance de lier les ſcènes. Chez lui
l'action ne languit jamais ; chaque mot,
chaque trait tend à faire connoître ſon
ſujet. Il a obſervé une telle gradation,
que l'intérêt croît de moment en moment
juſqu'à la cataſtrophe.

Ariſtophane eſt tombé dans un défaut
que Molière a eu ſoin d'éviter. Le premier acte de Plutus ne contient qu'une
ſcène. Outre que ces actes d'une ſeule
ſcène ſont froids & languiſſans, & qu'il

(*y*) L'*Amphitrion. Act. I. Scèn. 2. Act. III.
Scèn. 1. Act. IV. Scèn. 1.*

en faut au moins trois, cette inégalité déplaît à l'efprit, qui aime de trouver par-tout une certaine fymmétrie.

LES nœuds & les dénouemens font *Nœuds.* une fuite inféparable de la difpofition des pièces. On n'apperçoit prefque point de nœuds dans Ariftophane. Ses comédies font autant de tableaux mouvans, qui changent à chaque fcène jufqu'à ce que le nombre de cinq actes foit rempli. Les nœuds de Plaute & de Térence n'ont pas le degré de vrai-femblance nécef-faire. Ils font fondés fur des événemens trop bifarres & trop finguliers. Quand ils n'auroient pas cette imperfection, ils ne pourroient encore entrer en parallèle avec Molière, qui a tellement réuni dans cette partie les fuffrages des favans, qu'il feroit inutile de s'y arrêter, & d'entrer dans quelque comparaifon.

IL ne paroît pas auffi facile de lui *Dénoue-mens.*

donner la préférence dans les dénouemens. J'avouerai même, malgré le fentiment d'un grand homme (z), emporté
par fa trop grande admiration pour Molière, qu'ils ne répondent point à la
perfection qu'il a répandue dans les autres branches de la comédie. Mais il ne
me paroît point cependant qu'il foit
inférieur à fes modelles, & que Térence,
le plus parfait des anciens dans cette
partie, préfente moins de défauts que
le poëte françois. Dans le Phormion
j'apperçois deux reconnoiffances plate-
ment amenées, & qui ne peuvent avoir
été mifes en œuvre que par un poëte
embarraffé pour finir fa pièce. Ce dénouement fera-t-il préferé à celui du
Mifanthrope, qui naît des actions & du
caractère des perfonnages, & où la
diverfité d'humeurs caufe la rupture
d'Alcefte & de Célimène? Il eft vrai
que Molière n'en a pas toûjours d'auffi

(z) Rouffeau.

heureux. La fin de l'Avare eſt indigne
de lui. Il eſt ſurprenant que le poëte
françois n'ait pas trouvé le dénouement
que l'on a donné à cette pièce en la
tranſportant ſur le théatre de Londres.
On s'eſt beaucoup élevé contre celui
du Tartuffe. Il eſt réellement défectueux.
On pourroit dire que Molière a voulu
donner à l'Impoſteur les derniers coups
de pinceau, & rendre la force des caractères, dans leſquels il va reparoître
avec tout ſon éclat.

LE vrai-ſemblable & le naturel doivent regner dans les caractères. Les
payſans qu'Ariſtophane introduit dans
le Plutus (a), ont-ils ces qualités lorſqu'ils parlent ſur des ſujets tirés d'Homère
ou des pièces de théatre, & qu'ils citent
dans leur converſation la fable de Midas,
du Cyclope & de Circé ? Une femme (b)

*Caractè-*
*res.*

(a) Act. II. Scèn. 1.
(b) Madame Dacier, préf. d'Ariſtoph.

qui a pouffé trop loin l'eftime que l'on doit avoir pour les anciens, a prétendu juftifier ces défauts. L'érudition eft bien dangereufe quand elle eft employée par des perfonnes affervies à des préjugés claffiques.

Dans Plaute la narration que Sofie prépare pour Alcmène (c) ne paroît pas plus vrai-femblable. Il eft abfurde de mettre dans la bouche d'un acteur auffi fubalterne les mots les plus pompeux & les images les plus fublimes. Que l'on compare le Sofie de Plaute & le Sofie de Molière. Le premier femble avoir chauffé le cothurne, tandis que les geftes & les paroles du fecond ont une empreinte de comique relative à fon état. Il y a dans Plaute des caractères encore plus revoltans. Quel trait groffier n'a-t-il pas laiffé échapper à l'Avare, qui examine les mains de fon valet, & qui lui dit de faire voir la troifième !

(c) *Amphitr. Act. I. Scèn. I.*

Molière,

Molière, en employant ce même trait, a fû le faire rentrer dans le naturel (*b*).

Les caractères de Térence fortent rarement du vrai-femblable & de la nature ; mais ils font froids & fuperficiels. Le défaut de froideur & de légèreté eft fi étranger à Molière, qu'on l'a accufé au contraire d'avoir outré fes portraits, ce qui eft abfolument néceffaire dans les pièces que l'on doit repréfenter fur un théatre, où elles ne paroiffent jamais que dans le lointain. Les objets qui de près nous revolteroient par leur grandeur, deviennent naturels à mefure que l'on s'en éloigne.

Molière a réuni dans fes caractères à un degré éminent le vrai-femblable, le naturel & la chaleur. Admirons ici la beauté de fon génie. Ses comédies ne font que l'hiftoire de la fociété. Dans

(*b*) Les éditions où l'on trouve *les autres* font fautives, & les Comédiens qui prononcent ainfi font dans l'erreur. On doit fubftituer *l'autre.*

K

les caractères qu'il a traités , aucun
ridicule ne lui a échappé. Il femble
qu'il ait pénétré dans tous les cœurs,
& qu'il en ait parcouru tous les replis.
L'hypocrite, qui revêt fes actions de
ce que la religion a de plus facré, n'a
pû lui cacher fes trames criminelles &
la noirceur de fes fentimens ; l'avare,
qui croit n'être qu'économe, eft peint
dans les baffeffes déshonorantes que l'a-
varice lui fuggère ; & le malade imaginaire, qui couvre les remèdes fréquens
dont il fe fert, du terme de précaution,
voit le rifible & le foible de fa manie.
Si l'homme pouvoit être corrigé, quel
fond d'inftruction & de morale dans ces
caractères ! En a-t-il jamais paru fur le
théatre un plus achevé & plus fingulier
que celui du Mifanthrope ? quel art dans
la conduite de celui du Tartuffe ! Les
anciens, qui n'ont tracé que les caractères les plus communs & les plus généraux, peuvent-ils en oppofer de pareils,

& qu'ils aient parés, comme Molière, des graces de l'imagination ?

L'IMAGINATION est l'art d'embellir *Imagi-* les idées, de mettre de la délicatesse, *nation.* & de bannir la grossièreté. Plaute est le plus heureux dans cette partie. Quelle grossièreté cependant dans son Amphitrion ! Jupiter est indifférent, & Alcmène se rend après quelque foible résistance. L'honneur du sexe est-il assez ménagé ? Elle paroît plus empressée que Jupiter à se réconcilier ; elle semble, pour ainsi dire, faire les avances. Quelle délicatesse au contraire dans Molière, qui a traité le même sujet ! Jupiter est passionné à l'excès, & Alcmène conserve longtemps son courroux, qui est bien éloigné de l'air bourgeois qu'il a dans Plaute.

L'imagination n'a pas encore beaucoup présidé au dénouement du comique latin. Après que Jupiter s'est déclaré le père de l'enfant qui a étouffé les deux serpens,

K ij

Amphitrion le remercie de l'honneur qu'il a bien voulu lui faire. Quel sot personnage fait-on jouer là à Amphitrion ! Les bienséances sont observées avec plus d'exactitude dans Molière. L'époux offensé ne daigne pas répondre aux promesses brillantes de Jupiter. Transporté de colère contre le séducteur d'Alcmène, il ne peut la témoigner vis-à-vis du dieu que par son silence.

*variété.* L A variété est le fruit de l'imagination. Un esprit pesant n'apperçoit qu'un côté dans les objets ; un esprit vif & brillant en découvre toutes les faces. Il n'y a aucune variété dans Aristophane. Le gouvernement , Socrate & Euripide constituent le fond de la plûpart de ses pièces. Plaute & Térence ont les nœuds presque toûjours semblables. Les six pièces du dernier ont le même dénouement. Ce sont des reconnoissances & des rencontres imprévûes. Ses caractères font variés, il eſt vrai, dans une ſeule pièce ; mais de pièce à pièce ils ſont les mêmes. Enfin il n'y a pas beaucoup de différence entre les Acharniens & la Paix (*d*), l'Amphitrion & les Menech-mes (*e*), l'Eunuque & l'Andrienne (*f*), Mais dans Molière, le Miſanthrope, le Tartuffe, l'Avare, le Malade imaginaire, ne ſont-ils pas entièrement étrangers l'un à l'autre dans le ſujet, dans les caractères, dans les nœuds, dans les dénouemens, dans les détails, & ſurtout dans les ſitua-tions, qui ſervent tant à la force comique ?

L A force comique eſt cet art d'ap-profondir les caractères, & de les peindre avec les traits les plus frappans ſous toutes les différentes formes dont ils ſont ſuſceptibles. Térence ne l'a point connue ; auſſi Céſar l'appelle-t-il un demi-Ménandre (*g*). Elle eſt preſque auſſi

*Force comique.*

(*d*) Pièces d'Ariſtophane.
(*e*) Pièces de Plaute. (*f*) Pièces de Térence.
(*g*) *Dimidiate Menander.*

ignorée dans Ariſtophane & dans Plaute.
Quelques traits ſuperficiels répandus dans
le Plutus du premier & dans l'avare
du ſecond, ſuffiſent-ils pour mettre dans
tout ſon jour le ridicule de l'avarice ?
Combien Molière n'en a-t-il pas accu-
mulé pour caractériſer Harpagon (*h*) ?
Il a tellement montré toutes les faces
de ſes caractères, que l'on a blâmé cette
exagération comme peu vrai-ſemblable.
Mais ces traits ainſi multipliés rentrent
dans le naturel, lorſqu'ils paroiſſent dans
des circonſtances amenées avec art.

L'oppoſition de mœurs contraires
contribue beaucoup à la force comique.

(*h*) Voyez les ſcènes où il paroît avec la Flèche,
qu'il ſoupçonne de l'avoir volé ; avec ſes enfans,
qu'il veut marier ; avec Valère, qu'il prend pour
juge entr'eux & lui ; avec Froſine, qui lui demande de l'argent pour terminer un procès ; avec ſes
enfans & ſes valets, à qui il donne des ordres pour
le repas où il a invité celle qu'il veut prendre pour
épouſe ; avec Mariane, à qui ſon fils fait accep-
ter le diamant qu'il lui a pris ; enfin lorſqu'il a
perdu ſa chère caſſette, & qu'il la recouvre.

Ces contraſtes ſont ſemblables aux ombres ménagées dans un tableau pour faire paroître les traits de lumière qui y ſont répandus. Les anciens en ont ignoré le pouvoir & l'uſage. On en apperçoit cependant quelque foible trace dans les Adelphes de Térence. Molière en a très-bien connu l'utilité, & combien ils étoient propres à rendre les caractères ſaillans. Alceſte eſt plus miſanthrope à côté de Philinte, Harpagon plus avare à côté d'Anſelme, & Armande plus pédante à côté d'Henriette.

Les ſituations frappantes ſervent encore plus à la force comique. Les anciens n'en ont que de très-communes. Dans Molière je n'en trouve pas de plus ſingulière que celle où Harpagon eſt reconnu pour l'uſurier que l'on vouloit procurer à Cléante. Je regarde encore comme un grand trait de force comique de faire croire à Tartuffe que l'ordre a été donné contre Orgon. On voit juſ-

qu'où il pousse la noirceur de son caractère. C'est dans de pareilles situations surtout que l'on découvre le génie vraiement
comique du poëte françois. Elles lui ont
donné lieu souvent à la plaisanterie la
plus fine & la plus délicate.

*Bonne plaisan- terie.* LES plaisanteries d'Aristophane sont fausses & puériles ( *i* ). Térence en a très-peu, & celles qu'il a conservent son caractère de froideur. On ne peut rien voir de plus grossier, de plus bas & de plus pitoyable que celles de Plaute ( *k* ). Il les a vrai-semblablement recueillies sur la voie Appienne ou dans le champ de Mars. Tenons-nous-en au jugement

(*i*) *Plutarch.*

(*k*) *Amphitr. Act. I. Scèn. I.*
*MERC. Agite, pugni ; jam diu'st quòd ventri*
*victum non datis :*
*Jampridem videtur factum, heri quòd homines*
*quatuor*
*In soporem collocastis nudos. Sos. Formido malè*
*Ne ego hic nomen meum communem, & Quintus*
*fiam è Sosia.*

qu'Horace

qu'Horace en a porté (*l*). Quelle déli-
catefſe dans celles de Molière (*m*) ! Des
plaiſanteries ainſi fondées ſur les mœurs
& les ridicules du ſiècle plairont toûjours
à des gens de goût ; elles n'excitent pas,
il eſt vrai, ce rire immodéré qui eſt fait
pour émouvoir le peuple, mais elles
font couler dans l'ame une joie douce &
inſenſible, qui eſt le fruit du ſentiment.

LE ſtyle & la perfection du dialogue,
quoique les dernières parties de la comédie, n'en font pas pour cela moins
néceſſaires. Le plus beau deſſein demeure
imparfait, s'il ne reçoit le brillant du
coloris. Le ſtyle d'Ariſtophane, tantôt

*Style &
perfection
du dialo-
gue.*

MERC. *Vox mihi ad aures advolavit.* Sos. *Næ
ego homo infelix fui,
Qui non alas intervelli ; volucrem vocem geſtito.*
Je n'ai pas le courage d'en citer d'autres.

(*l*) *At veſtri proavi Plautinos & numeros &
Laudavere ſales ; nimis patienter utrumque,
Ne dicam ſtultè, mirati.* Ars Poet.

(*m*) On en trouvera des exemples dans toutes
les pièces. On n'a qu'à les ouvrir au haſard.

L

tragique, tantôt comique, est outré, obscur, embarraffé, trivial, & rempli de fades allufions de mots. Le ftyle de Plaute eft trop pompeux. Celui de Térence eft plus naturel, mais trop monotone. Molière a fû élever ou rabaiffer le fien à proportion de la grandeur ou de la médiocrité de fes perfonnages.

Le dialogue doit être naturel & animé. Quel embarras dans celui d'Ariftophane & de Plaute ! quelle froideur dans celui de Térence ! Le poëte françois femble s'être ici furpaffé. Son dialogue coule avec la plus grande facilité. Ce que les acteurs difent devoit néceffairement être dit. Il y a encore répandu beaucoup de chaleur en y traçant des portraits admirables toûjours relatifs aux mœurs du fiècle (*n*).

(*n*) *Mifanthrope*, *Act. II. Scen.* 5.
CLITANDRE.
Timante encor, Madame, eft un bon caractère.
CELIMENE.
C'eft de la tête aux pieds un homme tout myf-
tère,

Nous voilà donc supérieurs aux anciens
dans toutes les parties de la comédie.
Nous sommes redevables de cette supériorité à Molière, qui avec plus de

Qui vous jette ,en passant, un coup d'œil égaré,
Et sans aucune affaire est toûjours affairé.
Tout ce qu'il vous débite , en grimaces abonde.
A force de façons il assomme le monde.
Sans cesse il a , tout bas , pour rompre l'entre-
      tien,
Un secret à vous dire , & ce secret n'est rien.
De la moindre vétille il fait une merveille,
Et jusques au bon jour il dit tout à l'oreille.
        CLITANDRE.
On dit qu'avec Bélise . . .
        CELIMENE.
Le pauvre esprit de femme , & le sec entretien!
Lorsqu'elle vient me voir je souffre le martyre ;
Il faut suer sans cesse à chercher que lui dire,
Et la stérilité de son expression
Fait mourir à tous coups la conversation.
En vain pour attaquer son stupide silence,
De tous les lieux communs vous prenez l'assis-
      tance,
Le beau temps & la pluie, & le froid &le chaud,
Sont des fonds qu'avec elle on épuise bien-tôt.
Cependant sa visite , assez insupportable,
Traîne en une longueur encore épouventable,
Et l'on demande l'heure , & l'on bâille vingt
      fois,
Qu'elle s'émeut autant qu'une pièce de bois.
         L ij

génie que ſes prédéceſſeurs, a ſû mettre
encore leurs fautes à profit. C'eſt le
poëte françois dont la réputation a reçû
le moins de contradictions. Si Deſpréaux
ne lui rend pas la juſtice qu'il mérite (o),
on peut l'attribuer aux bouffonneries qu'il
a introduites en faveur du peuple, &
qui déplaiſoient tant à ce père du goût.
Mais qu'il me ſoit permis d'avancer que
ce n'étoit pas ſur les fourberies de Scapin
qu'il falloit juger l'auteur du Miſanthrope,
du Tartuffe, du Malade imaginaire &
des Femmes ſavantes. Faudroit-il juger

(o) *Art Poëtique, Chant III.*

C'eſt par là que Molière illuſtrant ſes écrits,
*Peut-être* de ſon art eût remporté le prix,
Si moins ami du peuple en ſes doctes peintures,
Il n'eût point fait ſouvent grimacer ſes figures,
Quitté pour le bouffon l'agréable & le fin,
Et ſans honte à Térence allié Tabarin.
Dans ce ſac ridicule où Scapin s'enveloppe
Je ne reconnois plus l'auteur du Miſanthrope.

Boileau avoit un goût exact, mais dur, qui ne
ſavoit point ſe plier à des tempérammens, & qui
étoit plus guidé par les poëtiques d'Ariſtote &
d'Horace que par le ſentiment.

fur la foible ode de Namur le brillant
auteur de l'art poëtique ? Les prétendues
farces du poëte françois ne me paroiffent
pas dignes d'ailleurs de toute la févérité
de Defpréaux. J'y découvre la nature
comme dans fes pièces les plus fublimes.
Il n'a fait que l'habiller différemment.
Il a prétendu aller au même but par
deux chemins, & rendre le théatre utile
à tous les fpectateurs. On ne doit pas
employer le même deffein & les mêmes
couleurs pour tracer les portraits de
Sganarelle & d'Alcefte ; & pour exciter
les fenfations groffières du peuple, il
faut du fpectacle & des plaifanteries
faillantes, & non des portraits fins &
des raifonnemens délicats. Enfin Molière
n'eft pas moins excellent comique dans
le Mariage forcé que dans le Mifanthrope,
comme Watteau n'eft pas moins excellent peintre dans les divertiffemens champêtres, que le Brun dans les plaifirs
majeftueux de l'olympe.

Je ne craindrai point cependant de dire que quoique le théatre de Molière foit plus épuré que celui des anciens, il n'a pas affez connu les bornes que l'on doit mettre à la plaifanterie. La décence eft bleffée dans fes ouvrages, & la lecture où la repréfentation de fes pièces ont fouvent été l'écueil de la vertu. Il devoit faire attention que la plus foible moitié du genre humain affiftoit à fes comédies, & que le moindre trait indécent pouvoit faire oublier les loix de la pudeur à un fexe facile à s'enflammer, & trop chancelant pour foûtenir de longs combats. Cette tache, qui ternit un peu fes talens, ne dépare pas tant les pièces de fes fucceffeurs.

Si je n'ai mis que Molière en oppofition avec les anciens, c'eft parce qu'il eft le plus parfait, qu'il fourniffoit affez d'exemples, & pour fixer l'imagination! La France en a bien d'autres qui peuvent foûtenir le parallèle avec honneur.

Regnard a fuivi les traces de Molière ;
il marche à côté de lui d'un pas prefque
égal, & lorfqu'il a imité les anciens, il
les a furpaffés comme lui. Quelle différence entre fes Menechmes & ceux de
Plaute ! Les comiques qui font venus
après ont encore acquis la fupériorité
fur les anciens, & ils affermiffent tous
les jours la gloire que la France s'eft
acquife en ce genre. L'un (*p*) va en
philofophe profond chercher dans nos
cœurs les caractères qui appartiennent
aux hommes de tous les temps & de
tous les lieux. L'autre (*q*), conduit par
une plume délicate & légère, découvre
fous les traits les plus badins, les caractères propres à notre nation. Celui-ci (*r*),
par le rare accord de la philofophie &

(*p*) M. Nericault Deftouches', de l'Académie
françoife, auteur du *Glorieux*. Il vivoit encore
lorfque cette differtation fut compofée.

(*q*) M. de Marivaux, de l'Académie françoife.

(*r*) M. de Saint-Foix, auteur des *Hommes*.

de l'imagination , préfente fous des emblèmes heureux les imperfections de notre être. Celui-là (*f*), qu'une critique ingénieufe & charmante infpire, s'attache à peindre nos modes & nos caprices.

Tâchez de conferver à la France cette fupériorité, ô vous qui avez reçû des talens pour réuffir dans ce genre. Réparez par vos efforts la perte d'un élève brillant (*t*) que la mort vient d'enlever à Thalie. Que la nature & Molière foient votre étude. Ne vous laiffez pas décourager par cette erreur, que la carrière eft fournie , & qu'il n'y a plus de défauts à traiter. Ce feroit être bien prévenu en faveur de l'humanité , que de les réduire à une vingtaine de ridicules qui forment le théatre de nos comiques. Je vais parmi les courtifans,

(*f*) M. de Boiffy, de l'Académie françoife, auteur des *Dehors trompeurs*, une des meilleures pièces de notre théatre.

(*t*) M. Nivelle de la Chauffée, de l'Académie françoife.

au

au milieu des cercles, mille fujets fe préfentent en foule à mes yeux. La matière fera toûjours inépuifable, nos vices varient à l'infini. Songez feulement dans le cours de vos travaux que le fpectacle, deftiné au divertiffement & à l'utilité des hommes, eft pour l'efprit ce que les bains étoient anciennement pour le corps. Ne changez donc point un plaifir en venin dangereux, afin que tout le monde puiffe en jouir fans crainte. Qu'auroit-on dit d'un particulier, s'il eût empoifonné les bains publics d'Athènes ?

QUE réfulte-t-il enfin de la longue carrière que je viens de parcourir ? Les avantages que nous avons fur les anciens, ne doivent-ils pas nous encourager à de nouveaux efforts ? Nous leur fommes fupérieurs dans la fable, dans le lyrique élevé & dans la comédie. Nous les contrebalançons dans l'églogue, dans la

*Reflexions fur divers obftacles au progrès des Lettres.*

M

tragédie, & dans la fatyre, où Defpréaux
eft au deffus de Perfe & de Juvenal,
mais au deffous d'Horace. Ce n'eft que
dans l'épopée & dans le lyrique anacréon-
tique que nous leur fommes inférieurs.
Établiffons donc la fupériorité des François dans ces deux parties, où ils font
encore placés au deffous. Que nos conquêtes paffées excitent notre émulation,
& raniment notre langueur. Remportons
une victoire complette. Préfentons-nous
de nouveau fur l'arène, & achevons de
terraffer un athlète que nous avons fait
déjà chanceler. Mais des caufes funeftes
femblent s'oppofer au fuccès d'une en-
treprife auffi glorieufe pour la nation.
La littérature retombe aujourd'hui dans
la décadence. Mille accidens étrangers
obfcurciffent ou affoibliffent les talens. Je
vois fous les pas de l'homme de lettres
s'élever une foule d'obftacles qu'il fe
procure lui-même, ou que lui préparent
fes contemporains. Je vais les tracer

ici avec beaucoup de rapidité. Je voudrois pouvoir les détruire de même, &
brifer les pefantes entraves qui empê-
chent l'eflor du génie. Pour faciliter le
paffage aux navigateurs du nord, je
voudrois rompre les glaces de la mer
Baltique.

Les plaifirs font d'abord l'écueil le
plus dangereux pour l'homme de lettres.
Il n'y a rien de plus ordinaire que de
le voir, livré à des penchans honteux,
fe plonger dans une volupté criminelle.
C'eft en vain qu'il croit affranchir fes
talens des périls qu'il y rencontre à
chaque inftant. Qu'il jette les yeux fur
lui-même ; il verra fon génie s'amollir,
fe flétrir & fe perdre. Il n'a plus cette
force heureufe qui communiquoit à fon
pinceau tant de nobleffe & d'énergie.
Il eft privé de cette activité brillante qui
mettoit une fi grande variété dans fes
touches. Sa mémoire, qui lui retraçoit
jadis un abrégé de toutes fes lectures,

n'eſt plus qu'un nuage épais où les idées
ſe confondent & diſparoiſſent. Son imagination, qui lui faiſoit parcourir d'un
coup d'œil les différentes parties de
l'univers, eſt pareſſeuſe, tardive, & ne
marche qu'à pas lents. Enfin les atteintes
de la débauche lui ont ôté cette chaleur
précieuſe d'où réſulte le jeu brillant des
fibres. Le feu ſacré s'eſt éteint, mais
ſans eſpoir de le rallumer.

L'air de frivolité qui ſe répand de
plus en plus dans la nation, eſt encore
un des plus grands obſtacles au progrès
de la littérature françoiſe. Un homme
nourri ſeulement de la ſubſtance légère
de quelques romans frivoles, ſe croit
auſſi-tôt en état de donner le ton. Il
monte ſur le trépied, il compoſe, avance,
diſpute, combat, décide, prononce, règle
les rangs ſur le parnaſſe. C'eſt un torrent
qui coule avec d'autant plus de vîteſſe,
qu'il n'eſt pas même arrêté par les barrières du bon ſens. De pareils auteurs ont

introduit un goût dépravé qui ramenera peu à peu l'ancienne barbarie. On aime mieux ramper dans les vallons avec Sylvandre & Aftrée, que fuivre Newton & Corneille au haut des airs.

Cette frivolité produit tous les jours l'éloignement & le mépris des modelles de l'antiquité. On ne remonte plus aux fources. On abandonne les eaux courantes du fleuve pour puifer dans des marais bourbeux. On lit aujourd'hui toute forte de livres, & l'on croit que la lecture en eft indifférente. Il y en a cependant qui font plus dangereux pour le génie que les rochers des Açores ne le font pour les vaiffeaux du Tage.

Comment le goût de futilité ne corromproit-il pas la littérature ? Il s'étend à tous les objets. Nous vivons dans un fiècle où tout eft foûmis à fon empire, où tout femble nous en donner des leçons. Les bâtimens maffifs & folides font profcrits, & l'on élève des maifons frêles

& chancelantes, que le moindre orage pourroit presque renverser. La brillante industrie de nos manufactures produit des décorations qui attirent l'admiration des étrangers ; on les abandonne, & l'on fait venir à grands frais du fond de l'Italie des embellissemens fragiles qu'il faut à chaque instant renouveler. Des chars vastes, sûrs & commodes promenoient jusqu'ici notre mollesse & notre indolence ; on leur a substitué des chars étroits & ridicules, aussi légers dans leur exécution, que frivoles dans leur usage, & d'où l'on risque à tout moment d'être précipité. Il ne nous reste plus qu'à introduire dans les ouvrages de la nature la même réforme que dans les ouvrages de l'art. Arrêtons la course majestueuse des fleuves, qui sans doute fatigue déjà nos yeux, & divisons leur marche trop étendue dans des canaux où les ondes couleront avec moins d'uniformité.

Un autre obstacle à la perfection des

lettres, & le plus difficile peut-être à détruire, est l'audace avec laquelle on ose tenter les genres les plus sublimes de la poësie, sans talens, sans génie, & surtout sans imagination. C'est un sanctuaire où l'on ne peut pénétrer sans profanation qu'avec l'encens que l'on veut brûler sur les autels. Cependant combien d'hommes téméraires qui avec le secours d'une versification eslanquée croient embellir les idées les plus communes & les plus insipides! Mais l'art de renfermer des platitudes dans une mesure de vers n'est que l'art de les rendre plus apparentes. Comment écarter ce vil amas de rimeurs qui avilissent la capitale, qui inondent les provinces, & qui déshonorent également la littérature? J'ai un conseil à donner à ces poëtes sans imagination. Nos campagnes manquent de cultivateurs. Qu'ils abandonnent un terrein ingrat où ils ne peuvent faire naître des lauriers, & qu'ils viennent

fouiller des terres plus dociles qui répon-
dront à des travaux affidus par leur
abondance & leur fertilité. La bêche
fera moins déplacée que la plume dans
les mains d'un Colletet.

L'imagination fans doute eft le plus
beau préfent de la nature. Mais l'efprit
philofophique de notre fiècle femble
vouloir s'oppofer à fes tranfports. Il y
en a qui lui préfèrent dans les ouvrages
l'obfervation minutieufe des règles, l'art
des tranfitions, prefque toûjours forcées,
affeétées ou puériles, & tous les autres
détails fubalternes. C'eft préférer à des
fruits délicieux des fruits amers & fauvages, parce qu'ils ont une forme plus
compaffée & plus fymétrique. Tout homme, avec du temps & de la réflexion, eft
en état d'enfanter de pareilles produétions.
Elles ne fuppofent aucun talent. Combien
d'ouvrages réguliers ont été enfévelis
dans l'oubli ! Mais pourra-t-on en citer
un feul que quelques traits d'imagination
n'aient

n'aient pas fauvé du naufrage, malgré l'in-
obfervation des règles ? Il en eft ainfi de
tous les arts. Une ftatue de Girardon, un
tableau de Rubens, un opéra de Rameau,
pafferont à la poftérité, tandis que les
coups de cifeau groffiers d'un fculpteur
timide, les traits languiffans d'un foible
deffinateur , & les calculs arides d'un
froid mathématicien, ne paroîtront au
jour que pour être replongés auffi-tôt
dans les ténèbres. Que ceux qui veillent
à la gloire des lettres, que nos Ariftar-
ques françois réclament fans ceffe dans
les écrits une partie auffi effentielle. Ne
nous laffons point nous-mêmes de dire
aux auteurs que fans elle ils ne parvien-
dront jamais aux premiers rangs de la
littérature. Il ne faut pas être artifte
pour fentir les beautés qu'elle procure ;
il ne faut pas l'avoir reçûe en partage
pour en démontrer la néceffité. Il y a
bien loin d'une tortue qui s'étend fur
l'avantage de planer dans le ciel, à un

N

aigle qui s'élançant avec rapidité au haut des airs, va frapper la voûte du firmament, & se reposer dans le sein des dieux.

Je veux cependant que l'homme de lettres, réglé dans ses mœurs, & solide dans ses études, se présente avec les plus rares talens. Ne rencontrera-t-il pas d'autres obstacles dans la carrière ? La gloire est l'unique but qu'il se propose dans ses veilles ; une envie basse & honteuse se plaît à la lui ravir, ou à lui en affoiblir l'éclat. Les louanges le dédommageroient peut-être des pénibles travaux qu'il entrepend pour perfectionner des arts agréables ; des contemporains ingrats les lui refusent, & ce n'est qu'à la mort qu'il commence de vivre avec vénération dans la mémoire des hommes. Comment ne seroit-il pas découragé p de pareilles injustices ? & quelle émulation peut-il recevoir dans un siècle avare d'éloges & prodigue de censures ? Veut-on apprendre l'histoire des ridicules & des

vices? il me semble entendre la renom-
mée aux cent voix, qui les annonce
dans l'univers. Veut-on s'instruire des
vertus & des actions éclatantes? on di-
roit que la réponse est dictée par une
sybille antique, qui du fond d'un antre
ténébreux ne renvoie que des sons mal
articulés.

Les obstacles se rencontrent quelquefois dès le premier pas que l'on fait dans
la litterature. On emploie aujourd'hui
toute sorte de moyens pour détourner
les esprits de la culture des lettres. On
leur répette sans cesse qu'avec des occupations futiles & légères on ne sauroit
occuper les différens postes de la vie
civile. Quoi, un homme qui aura puisé
la pureté du langage dans la grammaire,
l'exactitude du raisonnement dans la logi-
que, la règle des mœurs dans la morale,
la profondeur des idées dans la métaphy-
sique, le tableau des siècles dans l'histoire,
& les secrets les plus cachés de la nature

dans la physique, fera regardé comme incapable de remplir les plus importantes fonctions de la société ? & parce que sur des matières graves, sèches & abstraites par elles-mêmes, il aura répandu ce que la poësie a de plus frappant dans ses images & de plus séduisant dans ses tableaux, ce que l'éloquence a de plus pathétique dans ses figures & de plus véhément dans ses tours, on lui fera le vain reproche de futilité ? Je ne veux point me livrer ici à l'indignation que font naître des sentimens aussi ridicules. Je dirai seulement aux partisans d'une opinion accompagnée toûjours de l'ignorance & du mauvais goût, que soit qu'il faille soûtenir la cause des citoyens dans le barreau, soit qu'il faille prononcer les oracles de la justice dans l'aréopage, il y a entre l'homme de lettres & celui qui le croit uniquement occupé à des frivolités, la même différence qu'entre la lumière & les ténèbres.

L'homme de lettres obéit-il plûtôt à l'impulsion de son génie qu'à des conseils jaloux & trop intéressés, c'est alors que l'envie, trompée dans son attente, répand sur des lauriers qui l'irritent l'horrible noirceur de ses poisons criminels. Elle met en usage les manèges les plus affreux. Elle emploie les délations, les impostures, les médisances, les calomnies & les trahisons. Que ne tente point l'envieux pour ébranler un colosse qu'il a vû s'élever par degrés, & pour en faire rentrer les débris épars sous la terre affaissée par l'énormité de son poids ! Pour obscurcir la gloire dont l'homme de lettres jouit, il rapproche quelquefois les premiers instans d'une jeunesse équivoque, où le génie n'avoit peut-être pas encore brisé les barrières qui le tenoient enfermé. Il fait voir combien peu on devoit s'attendre aux jours brillans qui suivent un si foible crépuscule......
Insensé qu'il est ! ignore-t-il que les fleu-

ves les plus majeftueux dans leur courfe n'ont été jadis que de foibles ruiffeaux ? Enfin il va chercher fouvent jufque dans les ténèbres de l'enfance les taches & les foibleffes ordinaires d'un âge tendre & chancelant..... Inutiles efforts ! c'eft vouloir oppofer à l'éclat du foleil dans fon midi les nuages qui nous l'ont dérobé dans fon aurore.

Les épines femblent être inféparables des lauriers littéraires. Les gens de lettres n'euffent-ils rien à defirer de la part de leurs contemporains, ne fe procurent-ils pas mutuellement des dégoûts ? Avec quel acharnement ne fe pourfuivent-ils pas entr'eux ? La rivalité des talens entraîne tous les jours les fuites les plus funeftes. De là ces querelles envenimées, ces combats fanglans & ces défaftres tragiques, qui déshonorent la raifon, & qui font de la république des lettres un afyle de barbares & d'ennemis, plûtôt qu'une fociété de fages & de citoyens.

Si nous voulons découvrir de pareilles horreurs, il ne faut pas entr'ouvrir la barrière des fiècles paffés. Le nôtre en a fourni des exemples. Pour abolir le culte des autels confacrés à un dieu ref-pectable, une main téméraire avoit ofé élever un temple impie où l'on préten-doit fubftituer à la vénération la plus profonde la dérifion & le mépris. Mais la foudre eft tombée fur le temple & fur l'architecte, & la divinité victorieufe re-çoit à Delphes les mêmes refpects & les mêmes hommages. Parlons fans voile & fans nuage. Le Pindare françois a été traité avec autant d'indignité que d'in-décence dans un ouvrage moderne. Mais ce frivole monument reffemble à des temples que la vétufté a rendus déferts & abandonnés. On trouve encore fur le frontifpice le nom d'une déité augufte; on pénètre avec frémiffement dans l'in-térieur de ces lieux facrés ; quelle fur-prife ! on n'apperçoit que des ruines &

des décombres , & l'on y cherche en vain le dieu que l'on vouloit adorer.

Je trouve enfin une circonstance particulière à nos jours, & la plus capable d'arrêter le progrès des lettres. Il faut introduire la licence & le libertinage dans les écrits, il faut s'attacher à flatter les passions, si l'on veut obtenir les éloges de ses contemporains. Un auteur parle-t-il aujourd'hui de sagesse, d'amour de la patrie, ce sont des mots Gothiques, c'est un langage Celte qui n'est plus entendu. S'exerce-t-il à représenter les exemples frappans de la vertu, ou les punitions éclatantes du crime, quel accueil reçoivent dans ce siècle de pareils ouvrages? Pénétrons dans les palais des grands. Je les vois sur des théatres de la mollesse applaudir aux excès d'une plume licentieuse, & refuser de fixer leurs regards sur des écrits où ils apprendroient à devenir vertueux. Leurs lambris ne présentent que les touches d'un artiste
mercenaire

mercenaire qui a proſtitué le pinceau, tandis que les productions des fameux peintres de nos jours languiſſent dans l'oubli, ou ſont expoſées tout au plus à une ſtérile admiration. Enfin dans ces lieux ſéducteurs où l'on retrouve la campagne au milieu des cités, on préfère aux chefs-d'œuvres de nos Phidias & de nos Praxitèles des ſtatues infames, où ſur un marbre froid & inſenſible tout le feu des paſſions a été allumé par le ciſeau. C'eſt ainſi que les artiſtes & les écrivains qui ont des mœurs ſe voient privés du fruit qu'ils eſpéroient retirer de leurs travaux.

Conſolez-vous, hommes célèbres, on vous enlève encore le ſeul bien qui flattoit vos deſirs ; mais la poſtérité plus équitable dans ſes jugemens ſaura briſer les fauſſes idoles que l'on encenſoit, & retirer de la pouſſière les véritables divinités qui méritoient nos hommages. Tel a été le ſort d'Homère, du Camoens

O

& du Taffe.. Leurs lauriers flétris pendant
leur vie, n'ont reverdi que fur leurs
tombeaux, arrofés des larmes de ces
mêmes contemporains qui s'étoient figna-
lés par des mépris injuftes, & qui vinrent
réparer leur coupable indifférence par un
culte refpectueux & par des adorations
outrées.

Les réflexions que je viens de faire
fur les obftacles qui retardent le progrès
des lettres, paroîtront peut-être déplacées. J'ai crû cependant pouvoir me les
permettre à la fin d'un ouvrage de cette
nature. J'ai voulu que l'on évitât des
écueils dangereux. Mais le penchant que
j'ai prétendu détruire, eft trop violent
& trop invétéré. Les hommes de lettres
vont fe brifer tous les jours contre les
rochers dont je voulois les garantir. Mes
avertiffemens font tardifs. Ce font des
cris que je pouffe fur le rivage à la vûe
d'un vaiffeau que les ondes engloutiffent.
Mais ainfi que dans les horreurs du nau-

frage les matelots effrayés s'adreſſoient aux dieux conſervateurs, dans un temps où le goût & le génie vont éteindre leur flambeau, & nous replonger dans une nuit affreuſe, ne pourrai-je pas m'a-dreſſer ici à cette partie du genre humain qui gouverne le monde, & qui peut encore d'un coup d'œil nous arracher des bords du précipice, & redonner aux talens leur première ſplendeur ?

C'eſt à vous que j'ai recours, aimables compagnes de l'homme, vous qui par la douceur & l'aménité de votre caractère avez adouci nos mœurs groſ-ſières & ſauvages, & nous avez fait abandonner les forêts; vous qui par les torrens de plaiſir dont vous enivrez nos ames, adouciſſez les traits d'amertume que la nature biſarre sème ſans ceſſe ſur nos pas; vous enfin qui après les dieux êtes nos premières idoles, & ſans qui notre propre exiſtence ſeroit un poids affreux que nous ne pourrions ſoûtenir.

O ij

Vous regnez fur toute la nature ; votre
empire n'a d'autres limites que celles de
l'univers ; votre puiffance eft gravée
en caractères de feu dans nos ames.
Employez donc toute l'étendue de ce
pouvoir à l'avantage des lettres, qui
réclament aujourd'hui votre fecours.
Faites reparoître le goût daus toute fa
pureté. Que vos regards embrafés ral-
lument le flambeau du génie qui s'éteint.
Il dépend de vous de produire ces changemens. Le François eft né votre imi-
tateur, vos moindres volontés font la
règle de fa conduite ; il adopteroit même
jufqu'à vos caprices. Sortez donc de
l'obfcurité de ces afyles domeftiques
où l'on retient votre jeuneffe captive,
abandonnez l'horreur de ces tombeaux
facrés où l'on enfévelit vos appas, &
paroiffez dans le monde pour l'éclairer.
C'eft à vous à dévélopper le germe des
talens. C'eft au feu qui part de vos yeux
à ranimer les étincelles mourantes qui

circulent dans nos veines. N'exigez plus
cet encens fouvent criminel, & toûjours
ridicule, préparé par les mains de l'ar-
tifice pour vous féduire. Ordonnez-nous
d'apporter à vos pieds le fruit de nos
travaux & le fuccès de nos études. Que
chacun des regards que vous daignerez
laiffer tomber fur vos adorateurs foûmis,
foit le prix de quelques progrès dans
la vafte carrière de la perfection. Vous
ferez en même temps la fource de nos
efforts & la récompenfe de nos fuccès.
Attachez-vous furtout à rétablir dans
toute leur intégrité les mœurs, dont la
corruption entraîne la décadence totale
des lettres. N'eft-ce pas à vous à nous en
donner les exemples ? La pudeur & la
modeftie font les premiers ornemens de
votre fexe, & les armes les plus propres
à vous faire des conquêtes. Ne craignez
donc point de faire paroître cette rou-
geur naïve, qui donne du luftre à la
beauté, qui condamne les defirs & qui

les enflamme. Conſervez à jamais cette retenue que la nature vous a donnée pour remplacer votre foibleſſe, contre laquelle toute la force des hommes va ſe briſer par le reſpect qu'elle leur inſpire, & qui ſeule écarte loin de vous des tranſports téméraires. C'eſt ainſi que vous nous apprendrez à ne plus outrager la ſageſſe dans les écrits, & à être auſſi décéns dans les ouvrages que vous le ſerez dans votre conduite. On n'oſera plus repréſenter Vénus toute nue ; mais on lui donnera un voile tranſparent, qui ſéduira l'imagination ſans l'effaroucher, & qui ſans remplir les deſirs, les entretiendra toutefois dans l'agitation qui leur eſt néceſſaire.

*F I N.*

Permis d'imprimer. A Montauban le 2 janvier 1756. DE SADOUS *Maire.*

## Fautes à corriger.

Pag. 25. lign. 6. *mais le ton*, lifez *mais avec le ton*.

Pag. 26. lign. 13 & fuiv. *Il n'appartient qu'au temps à détruire*, lif. *de détruire . . . & à diſſiper*, lif. *& de diſſiper*.

www.ingramcontent.com/pod-product-compliance
Lightning Source LLC
Chambersburg PA
CBHW071210200326
41519CB00018B/5456